Mahmoud Javid Rad

Influência da eficácia da gestão do transporte marítimo e da logística na indústria logística multinacional

Mahmoud Javid Rad

Influência da eficácia da gestão do transporte marítimo e da logística na indústria logística multinacional

Indústria Logística Multinacional

ScienciaScripts

Imprint

Any brand names and product names mentioned in this book are subject to trademark, brand or patent protection and are trademarks or registered trademarks of their respective holders. The use of brand names, product names, common names, trade names, product descriptions etc. even without a particular marking in this work is in no way to be construed to mean that such names may be regarded as unrestricted in respect of trademark and brand protection legislation and could thus be used by anyone.

Cover image: www.ingimage.com

This book is a translation from the original published under ISBN 978-620-2-01663-6.

Publisher:
Sciencia Scripts
is a trademark of
Dodo Books Indian Ocean Ltd. and OmniScriptum S.R.L publishing group

120 High Road, East Finchley, London, N2 9ED, United Kingdom
Str. Armeneasca 28/1, office 1, Chisinau MD-2012, Republic of Moldova, Europe
Printed at: see last page
ISBN: 978-620-7-62465-2

Índice

RESUMO

O objetivo deste projeto é identificar os factores mais importantes que podem influenciar a eficácia da logística no sector da logística multinacional e a relação entre a estratégia de sustentabilidade, as operações de expedição e a ecologização do aprovisionamento do transporte marítimo para a eficácia da logística na Malásia. Neste projeto, recolhemos dados através de um inquérito, concebemos um questionário e enviámo-lo aos profissionais de logística envolvidos no sector dos transportes marítimos e da logística na Malásia. O questionário diz respeito à eficácia da logística no sector da logística multinacional. Para esta metodologia de investigação, os questionários foram distribuídos entre os fornecedores de logística. Isto porque eles podem acumular as questões que se colocam no seu sector. Toda a informação recolhida foi analisada com o software SPSS e os resultados ilustrados num diagrama. Neste estudo, foram efectuados vários testes de hipóteses para identificar a força destas variáveis. Tentámos validar as relações existentes entre a estratégia de sustentabilidade, a ecologização das operações de expedição e a ecologização das aquisições de transportes. Este projeto investiga os possíveis factores que ajudarão a aumentar a eficácia da logística entre as empresas de logística na Malásia e o seu desempenho com os países multinacionais. A eficácia no sector da logística ajudará a aumentar a escala económica na Malásia.

CAPÍTULO 1
INTRODUÇÃO

1. Introdução

Atualmente, o sector da logística é o sector mais importante que pode ligar um país a outro. Para além disso, na cadeia de abastecimento, o transporte é a maior fonte de impacto ambiental (Wu e Dunn, 1995). Dado que a logística é amplamente utilizada no mundo, a indústria quer tomar outras iniciativas para manter a natureza segura. Atualmente, muitos países aplicam a logística verde para tornar a logística mais eficaz e amiga da natureza. O projeto centrou-se nos factores que afectam a eficácia da logística na indústria logística multinacional. A eficácia da logística é medida em diferentes tarefas. De acordo com Sundram et al, (2011) a eficácia da logística é avaliada se as tarefas estão a cumprir o objetivo estabelecido na organização.

A razão pela qual a eficácia deve ser identificada na organização é que todas as actividades envolvidas na organização estão relacionadas com os lucros e as perdas. A empresa pode colher melhorias de eficácia e eficiência e vários benefícios a longo prazo, como o aumento das quotas de mercado e margens de lucro mais elevadas (Rao, 2005). Além disso, a eficácia pode mostrar as realizações da empresa na gestão do seu negócio no sector.

Se a organização atingir a eficácia, isso mostra que utiliza plenamente os recursos nas suas actividades (Rosena et al, 2008). Além disso, a logística ecológica pode fazer com que as empresas de todo o mundo valorizem mais a natureza para desenvolverem as suas actividades comerciais. Nesta era, muitas empresas estão a conceber os seus produtos com materiais ecológicos utilizados nas embalagens.

Este projeto mostra todas as empresas que gerem as suas actividades com a estratégia de eficácia no desenvolvimento da logística verde. A logística ecológica pode trazer benefícios para muitas partes, como os consumidores, os fornecedores e a natureza. A prática da estratégia de sustentabilidade, a ecologização das operações de expedição e a ecologização da aquisição de transportes podem ajudar a indústria a aplicar a estratégia ecológica de forma eficaz.

Desde que a logística avançou a partir da década de 1950, houve numerosas investigações centradas nesta área em diferentes aplicações. Devido à tendência de nacionalização e globalização das últimas décadas, a importância da gestão logística tem vindo a crescer em vários domínios. Para as indústrias, a logística ajuda a otimizar os processos de produção e distribuição existentes com base nos mesmos recursos através de técnicas de gestão para promover a eficiência e a competitividade das empresas.

O elemento-chave de uma cadeia logística é o sistema de transporte, que une as actividades separadas.

O transporte ocupa um terço do montante dos custos logísticos e os sistemas de transporte influenciam enormemente o desempenho do sistema logístico. O transporte é necessário em todo o processo de produção, desde o fabrico até à entrega aos consumidores finais e às devoluções. Só uma boa coordenação entre cada componente permitiria obter o máximo de benefícios.

1.1 Logística

O Council of Logistics Management (1991) definiu a logística como "parte do processo da cadeia de abastecimento que planeia, implementa e controla o fluxo e o armazenamento eficiente e eficaz, para a frente e para trás, de bens, serviços e informações conexas entre o ponto de origem e o ponto de consumo, a fim de satisfazer as necessidades dos clientes". A definição de Johnson e Wood utiliza "cinco termos-chave importantes", que são logística, logística de entrada, gestão de materiais, distribuição física e gestão da cadeia de abastecimento, para interpretar.

A logística descreve todo o processo de movimentação de materiais e produtos para dentro, através e fora da empresa. A logística de entrada abrange o movimento de materiais recebidos dos fornecedores. A gestão de materiais descreve o movimento de materiais e componentes dentro de uma empresa. A distribuição física refere-se ao movimento de saída de mercadorias desde o final da linha de montagem até ao cliente.

Por último, a gestão da cadeia de abastecimento é um pouco mais vasta do que a logística e liga a logística mais diretamente à rede de comunicações total do utilizador e ao pessoal de engenharia da empresa. O ponto comum das definições recentes é o facto de a logística ser um processo de movimentação e manipulação de bens e materiais, do início ao fim da produção, do processo de venda e da eliminação de resíduos, para satisfazer os clientes e aumentar a competitividade da empresa. É o processo de antecipar as necessidades e desejos dos clientes; adquirir o capital, os materiais, as pessoas, as tecnologias e as informações necessárias para satisfazer essas necessidades e desejos; otimizar a rede de produção de bens ou serviços para satisfazer os pedidos dos clientes; e utilizar a rede para satisfazer os pedidos dos clientes em tempo útil". Por outras palavras, "a logística é uma gestão de operações orientada para o cliente".

1.2 Logística marítima

O sector marítimo desempenha um papel importante no transporte internacional de mercadorias. Pode proporcionar aos consumidores um transporte barato e com grande capacidade de carga, mas tem a desvantagem de necessitar de um tempo de transporte mais longo e de o seu horário ser afetado por factores meteorológicos. Para poupar custos e aumentar a competitividade, as actuais empresas de logística marítima tendem a utilizar navios de grandes dimensões e técnicas de operação cooperativa. Além disso, os actuais clientes do sector marítimo preocupam-se mais com a qualidade do serviço do que com o preço de entrega. Assim, é necessário criar novos conceitos logísticos para aumentar a satisfação do serviço, por exemplo, informação em tempo real, janelas de tempo precisas e sistemas de localização de mercadorias. O funcionamento do sector dos transportes marítimos divide-se em algumas categorias, como o transporte marítimo de linha, o transporte marítimo de tramp e o transporte marítimo industrial.

As características deste tipo de transporte são o preço irregular do transporte, as rotas de transporte instáveis e o horário. Normalmente, entrega mercadorias específicas, como carga a granel seca e petróleo bruto. O principal objetivo do transporte marítimo industrial é assegurar o fornecimento de matérias-primas. Por vezes, são necessários contentores especializados, como os contentores de alta pressão para gás natural.

Sistema de componentes logísticos

A figura seguinte apresenta uma panorâmica do sistema logístico. Os serviços logísticos, os sistemas de informação, as infra-estruturas e os recursos são as três componentes deste sistema e estão intimamente ligados. A interação das três componentes principais do sistema logístico é interpretada da seguinte forma. Os serviços logísticos apoiam o movimento de materiais e produtos desde os factores de produção até aos consumidores, bem como a eliminação de resíduos e os fluxos inversos associados.

A maior parte das actividades dos serviços de logística são bidireccionais. Os sistemas de informação incluem a modelação e a gestão da tomada de decisões, e as questões mais importantes são a localização e o seguimento. Fornecem dados e consultas essenciais em cada etapa da interação entre os serviços logísticos e as estações de destino. As infra-estruturas incluem os recursos humanos, os recursos financeiros, os materiais de embalagem, os armazéns, os transportes e as comunicações. A maior parte do capital fixo destina-se à construção das infra-estruturas logísticas. São os alicerces concretos dos sistemas logísticos.

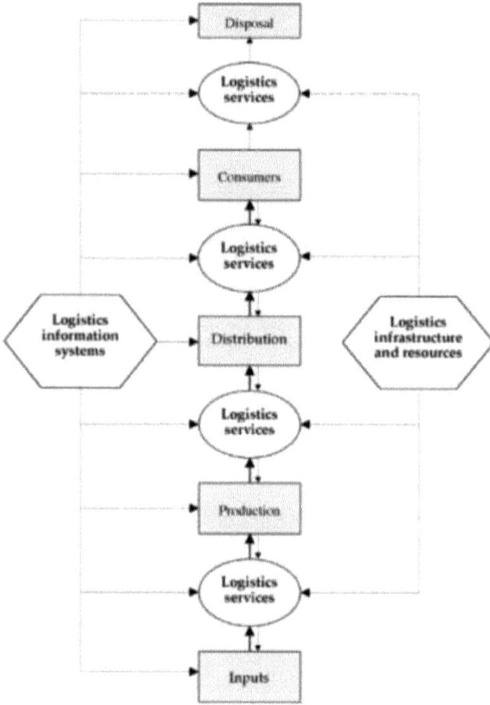

Figura 2: tipos de logística

1.3 Sector da logística na Malásia

A Malásia é um país de navegação e o sector da logística começou a desenvolver-se durante o domínio colonial britânico. Para a definição de logística, de acordo com o Conselho de Gestão da Cadeia de Abastecimento, logística significa os planos, a implementação, o controlo do fluxo eficiente e eficaz de armazenamento de bens, serviços e informações relacionadas entre os pontos de origem e o ponto de consumo para satisfazer as encomendas dos clientes.

A gestão logística inclui normalmente actividades de entrada e de saída, como o armazenamento, a movimentação de materiais, a satisfação de encomendas e a conceção de redes logísticas. Em graus variáveis, a logística também inclui funções de aprovisionamento e aquisições, planeamento e programação da produção, embalagem e montagem, e serviço ao cliente (Zolait et al, 2010).

Hoje em dia, o sector da logística tem vindo a crescer e a investir em sectores de TI que funcionam com sistemas tecnológicos (Rajagopal et al, 2014). O sector da logística aplica também a identificação por radiofrequência (RFID) e é considerado um equipamento inovador no sector da logística. De acordo com Chang, She-I et al, (2008), a RFID é um equipamento único na logística a ser utilizado em comparação com outros sistemas de TI.

1.4 Quadro teórico e desenvolvimento de hipóteses

Os factores que contribuem para a eficácia da logística

Este estudo centrar-se-á nos factores que mais afectam a eficácia logística na indústria multinacional de logística verde. Os dados foram observados em muitos países diferentes, uma vez que esta investigação incide sobre actividades multinacionais. A investigação identificou diversas variáveis, tais como a estratégia de sustentabilidade, a ecologização das operações de transporte e o aprovisionamento de transportes ecológicos.

Todos estes factores contribuíram como variáveis independentes para esta investigação. Além disso, a variável dependente da investigação é a eficácia logística na indústria multinacional de logística ecológica. Esta investigação tem como local de investigação a Malásia e outros países relacionados, uma vez que se trata de uma investigação multinacional. O método utilizado para esta investigação é o questionário para obter uma resposta e opinião dos inquiridos externos.

1.5 Estratégia de sustentabilidade

A estratégia está inerentemente relacionada com o planeamento a longo prazo e a tomada de decisões a longo prazo e, à medida que a sensibilização geral para as questões da sustentabilidade foi crescendo, as organizações começaram a perceber que, incorporando aspectos ambientais no trabalho estratégico, podem obter vantagens a longo prazo nas suas jurisdições, bem como noutros mercados. Para alcançar um desempenho de alto nível na empresa, a organização precisa de ter uma estratégia sustentada para gerir as suas operações (Sundram et al, 2015).

A estratégia deve ser desenvolvida no início do plano da organização e identificar os objectivos a atingir. Um sector com uma estratégia sustentável pode ajudar os sectores empresariais a identificar e gerir os riscos económicos, ambientais e sociais de uma forma integrada e a desbloquear oportunidades para melhorar a competitividade e a reputação.

Podem também ajudar as associações comerciais a tornarem-se mais eficazes para os seus membros (Bhatti et al, 2012). Quando as empresas estabelecem os seus objectivos e metas, isso pode ajudá-las a criar uma estratégia para trabalharem em função dessas metas (Bhatti et al, 2014). Com uma estratégia boa e sustentável, as empresas podem melhorar a sua reputação junto dos consumidores. Também podem obter vantagem competitiva no mercado e podem liderar o mercado.

A dimensão económica da estratégia de sustentabilidade empresarial é muitas vezes discutida como "dimensão genérica" e a sustentabilidade económica abrange aspectos gerais da organização que têm de ser respeitados, tais como os aspectos ambientais e sociais, a fim de se manter no mercado a longo prazo. A estratégia é medida em várias dimensões, de acordo com o objetivo da empresa. Não existem variáveis específicas para as empresas melhorarem as suas estratégias. Por exemplo, a utilização destes aspectos genéricos parece significativa, uma vez que os bons resultados nestes aspectos são susceptíveis de conduzir a bons resultados financeiros e de sustentabilidade da empresa.

Tornar as operações de transporte mais ecológicas

Os transportes são a maior causa do aquecimento global e das catástrofes naturais. Os gases que saem dos transportes são prejudiciais para a saúde humana. De acordo com Pazirandeh & Jafari, (2013), o transporte é a "maior fonte de risco ambiental no sistema logístico", pelo que se deve tomar decisões logísticas que minimizem a quantidade de emissões de transporte. A fim de minimizar o risco dos transportes, os cidadãos são incentivados a reforçar os sistemas designados por car-pool. O car-pool significa que vários participantes viajam num veículo e partilham o custo do transporte, revezando-se frequentemente como condutores. Este método pode ajudar a reduzir o número de transportes na estrada.

As considerações sobre questões ambientais emergiram como um tópico de importância crítica para as actuais cadeias de abastecimento globalizadas. A questão mais popular está relacionada com o efeito geográfico dos transportes. Vários modelos procuram reduzir o impacto negativo na nossa natureza. O primeiro é a conceção da rede da cadeia de abastecimento, incluindo o porto de entrada e os modos de transporte. De acordo com Sundram et al, (2004), na fase de conceção da rede é necessário ter em conta o efeito ecológico das actividades. A segunda é a decisão de utilizar armazéns e transportes dedicados ou partilhados. Este método pode reduzir a quantidade de transportes e o armazém utilizado. O fabricante pode tomar a iniciativa de partilhar o armazém com outro fabricante e pode utilizar o conceito de logística de terceiros. Os resultados indicam que, na maioria dos casos, a utilização de um armazém partilhado a partir de um indicador de logística de terceiros pode reduzir os custos e melhorar o desempenho ambiental das empresas.

Contratos públicos de transportes mais ecológicos

A aquisição significa o ato de obter ou comprar bens e serviços. De acordo com Akmal et al, (2015), no processo de aquisição, as organizações têm de procurar o equipamento necessário para a sua atividade e devem basear-se nas especificações. O equipamento deve ser amigo do utilizador ecológico para evitar os resíduos da natureza. De acordo com Faith-Ell, (2005), o aprovisionamento ecológico, em particular, é utilizado como ferramenta estratégica para promover políticas ambientais num processo de projeto ambientalmente sustentável. Na fase de conceção da estratégia da organização, é necessário considerar também o equipamento que pode ser utilizado e que está relacionado com os princípios ecológicos.

As organizações precisam de ter um plano adequado nas decisões de compra, a fim de evitar as emissões de gases com efeito de estufa das suas actividades. Os materiais utilizados para fazer novos modelos de transporte devem seguir os requisitos dos princípios ecológicos. As organizações devem identificar se a utilização dos materiais pode ou não afetar a natureza. Para além disso, tendo em conta o forte impacto ambiental associado às actividades de transporte e logística, há ainda muito a aprender sobre as práticas dos compradores no que diz respeito a serviços mais sustentáveis de logística de terceiros (3PL). Ao utilizar os 3PL, as empresas podem partilhar os transportes utilizados para entregar as suas mercadorias aos clientes.

As empresas 3PL podem ajudar a reduzir o número de transportes utilizados pelas empresas fabricantes. Além disso, se as empresas demonstram uma preocupação relativamente elevada com as questões ecológicas a nível da empresa, atribuem menor importância às questões ecológicas a nível das compras. O departamento de compras só incentivará a compra de artigos que sigam os princípios ecológicos se estes forem praticados na empresa. A importância aqui é a forma como a empresa pretende implementar os princípios ecológicos na sua atividade.

Modelo e hipóteses

De acordo com Sundram (2013), uma hipótese é uma declaração conjetural da relação entre duas ou mais variáveis, que tem implicações claras para testar as relações declaradas. No entanto, a hipótese é uma declaração ou proposição não comprovada sobre um fator ou fenómeno que interessa ao investigador. O estudo também deve decidir se aceita ou rejeita a hipótese nula ou alternativa.

Relação entre a eficácia logística no sector da logística multinacional e a estratégia de sustentabilidade

Tal como referido por Pazirandeh e Jafari (2013), a estratégia de sustentabilidade varia entre a conformidade com o desempenho e os regulamentos padrão do sector, por um lado, e o voluntariado para a preservação do ambiente, por outro. Na indústria, as estratégias desenvolvidas pelas organizações seguem os regulamentos dos próprios países. Diferentes países têm diferentes políticas que construíram para gerir a sua própria indústria. Além disso, a investigação de Stephen e Jullian, (2004), mostra que a atividade de transporte de mercadorias pode funcionar de forma a cumprir os objectivos de sustentabilidade urbana que os decisores políticos começam agora a implementar. O transporte urbano de mercadorias é o fator mais importante para a vitalidade económica da cidade. O conceito de sustentabilidade urbana e o desenvolvimento de estratégias de sustentabilidade medidos através dos quais o transporte de mercadorias se torna mais sustentável. Se as empresas de logística do transporte urbano de mercadorias conseguirem sustentar as suas estratégias, podem ajudar a desenvolver a sua escala económica no país.

Para além disso, como referem Pazirandeh e Jafari (2013), existem dois tipos de estratégias que as empresas podem utilizar para tornar as suas empresas mais eficazes. A primeira é a estratégia reactiva, que normalmente se deve à pressão de associações industriais, ONG ambientais, acções da concorrência, regulamentos governamentais e outras partes interessadas da indústria. Enquanto as estratégias ambientais pró-activas envolvem a procura e a adoção de tecnologias inovadoras que ajudem a reduzir as emissões, as empresas concebem e controlam a cadeia de abastecimento. As empresas de logística podem utilizar estas duas estratégias para implementar produtos de melhor qualidade com base nas suas estratégias no sector.

Esta investigação mostra que a estratégia de sustentabilidade pode levar à eficácia da logística. A fim de alargar o sector da logística às multinacionais, as empresas precisam de acreditar nas suas próprias estratégias e adaptar novas estratégias de subcontratação que lhes possam dar mais benefícios (Ibrahim et al, 2010).

Quadro de investigação

H1a: *Existe uma relação entre a estratégia de sustentabilidade e a eficácia logística no sector da logística multinacional.*

H2a: *Existe uma relação entre a ecologização das operações logísticas e a eficácia logística no sector da logística multinacional.*

H3a: *Existe uma relação entre o aprovisionamento logístico ecológico e a eficácia logística no sector da logística multinacional.*

H1a: *Existe uma relação entre a estratégia de sustentabilidade e a eficácia logística no sector da logística multinacional.*

Relação entre a eficácia logística no sector da logística multinacional e a ecologização das operações de transporte

Para além disso, de modo a implementar operações de transporte ecológicas, as empresas de logística precisam de ter um novo modelo de logística ecológica para apoiar as operações ecológicas. O modelo de transporte muda com base no respeito pelo ambiente. Além disso, nesta era moderna, a logística inversa tornou-se mais realista de implementar, a fim de cumprir os objectivos ambientais.

No sector da logística multinacional, as empresas podem colaborar para fazer logística inversa para os seus países. Podem trocar os materiais usados ou os artigos reciclados com base no que os países têm capacidade para produzir. Isto pode ajudar a reduzir a eliminação excessiva para os países. Entretanto, a construção de operações de transporte ecológicas foi medida pela forma como a empresa tem trabalhado ativamente no sentido de uma maior quota de transporte ferroviário, por exemplo, trabalhando ativamente numa maior quota de transporte marítimo e aumentando a utilização de veículos através da colaboração horizontal, comunicando as emissões de transporte das partes interessadas, fazendo investimentos para melhorar o desempenho ambiental dos transportes e reduzindo a quantidade de entregas de emergência.

As empresas de logística devem ter mais em conta a ecologização das operações de transporte, uma vez que a natureza está atualmente a ter grandes problemas para ter ar limpo. Se as actividades estiverem envolvidas em multinacionais, as operações de transporte podem ter um impacto maior para os cidadãos. Esta é a razão pela qual o governo reforça e aborda os cidadãos para que tomem a iniciativa de utilizar os transportes públicos, porque isso pode reduzir o gás de dióxido de carbono dos veículos.

H2a: Existe uma relação entre a ecologização das operações logísticas e a eficácia logística no sector da logística multinacional.

Relação entre a eficácia logística no sector da logística multinacional e a ecologização das operações de transporte

As aquisições ecológicas recebem menos atenção, mas vários dos argumentos das aquisições ecológicas em geral foram transferidos para a aquisição de serviços de transporte. Muitas das empresas de logística não estão conscientes da importância de cuidar do ambiente. No entanto, de acordo com Pazirandeh e Jafari, (2013), o número de organizações que contemplam a integração de práticas ambientais nos seus planos estratégicos e operações diárias está a aumentar. Isto deve-se ao facto de alguns fornecedores oferecerem preços razoáveis ao fabricante se este comprar equipamento ecológico para a sua empresa.

Este método é visto como uma vantagem competitiva pelas pessoas no sector, porque tendem a procurar um melhor preço para as suas compras e querem ter equipamento de melhor qualidade.

Para realizar actividades de compra entre os países, a indústria nacional precisa de considerar também o nível económico e a escala dos países que precisam de cooperar. Isto porque diferentes empresas têm diferentes condições económicas e diferentes moedas. As empresas de logística fazem normalmente compras no país com a moeda mais baixa. Isto pode ajudá-las a gerir os recursos de forma eficaz. De acordo com Wendelin et al (2012), a logística precisa de lidar com o crescimento global do volume de transportes em configurações sustentáveis e eficientes em termos de custos. Por exemplo, a dependência do custo de transporte nos transportes rodoviários europeus do preço do petróleo é derivada.

Isto pode provar que as actividades comerciais dos outros países dependem do principal produtor de petróleo e gás para obter os artigos. Além disso, a ecologização das aquisições no sector dos transportes foi medida através da medida em que a empresa exigiu a certificação ambiental dos fornecedores, avaliou os fornecedores de acordo com critérios ambientais, utilizou ferramentas electrónicas de aquisição de transportes para exercer pressão ambiental sobre os fornecedores e implementou pagamentos de custos sociais ambientais.

H3a: Existe uma relação entre o aprovisionamento logístico ecológico e a eficácia logística no sector da logística multinacional.

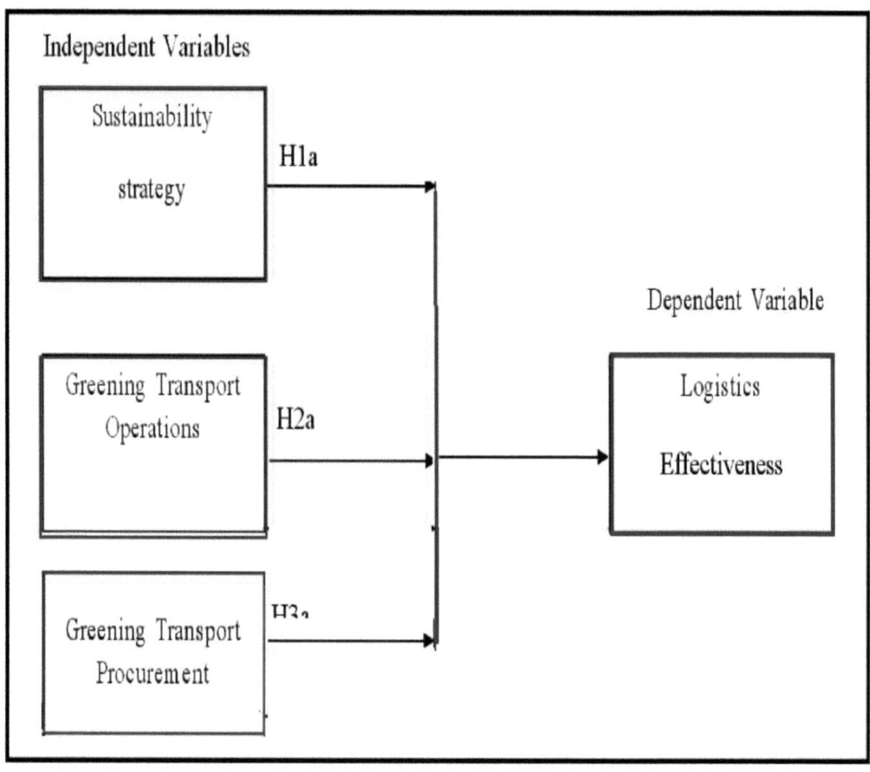

Figura 2: Quadro de investigação do modelo estrutural.

CAPÍTULO 2

2.1 Introdução:

Em 50 anos, a contentorização transformou-se na base da globalização. A contentorização era apenas um simples avanço especializado. O titular preparou modelos hierárquicos novos e de longo curso no segmento dos veículos. Estes componentes de autoridade testaram o transporte de personagens no ecrã, que precisavam de repensar as linhas de fronteira entre as suas organizações individuais, tendo em mente o objetivo final de transmitir cadeias de transporte sólidas de entrada e saída com um empreendimento mundial em funcionamento. As portas abertas que a contentorização oferecia teriam permanecido letra morta se não tivessem correspondido às profundas mudanças nos elementos financeiros desde a década de 1970.

O desenvolvimento extremamente sólido dos artigos manufacturados de troca universal, deliberadamente superior ao desenvolvimento da troca global, por si só superior ao desenvolvimento do produto interno bruto - marca uma divisão mais profunda do trabalho mundial, que se tornou concebível apenas através do apoio de um sólido quadro de transportes.

Desde o seu aparecimento em meados dos anos 60, a contentorização tem vindo a concretizar a combinação da cadeia de veículos. Entretanto, as necessidades de coordenação dos carregadores não param de aumentar, uma vez que estes exploram as portas abertas pela globalização para desenvolverem os seus exercícios de criação ou potencialmente de difusão à escala mundial, o que exige a sincronização dos seus exercícios no espaço e no tempo através da apresentação de cadeias de coordenação. A gestão destas cadeias é uma fonte de controlo e uma fonte de benefícios para todos os transitários, administradores de transportes marítimos ou terrestres, operadores de envio ou processos de coordenação incluídos nestas cadeias.

Todas as organizações de transportes mundiais pretendem agora ser administradores de coordenação equipados para reagir de forma diferente às necessidades dos seus clientes de transportes. Entretanto, os estudiosos da coordenação, em especial os académicos, expõem as circunstâncias hierárquicas e monetárias favoráveis à criação de cadeias de coordenação incorporadas tão firmemente quanto possível na construção da cadeia de valor, desde a pré-criação de produtos até à última organização de divulgação. O que conta já não é tanto o transporte como a associação das administrações de coordenação aos carregadores. Para responder a esta procura, os transportadores devem incorporar um conjunto completo de capacidades de coordenação, o que implicaria aumentar a extensão dos seus exercícios, que já há muito não se verificam, e a sua atividade central única.

No entanto, é necessário analisar o termo (coordenação) e verificar se existe de facto uma união, como se pensa ser a situação atual. Será que uma prestação convencional de transporte oceânico porto-a-porto continua a ser fundamental? A passagem para as administrações de transporte "way to entryway" significa uma verdadeira incorporação vertical dos diferentes modos de transporte por um único administrador? Será que esta conciliação leva a subestimar a atividade central única de uma associação? Para além do transporte genuíno, será que a gestão das cadeias de coordenação para um expedidor, desde a pré-criação até à circulação final, é verdadeiramente extremamente normal?

A fim de responder a estas questões, centrar-nos-emos nas linhas de entrega mais importantes.

Principalmente, devido ao facto de controlarem os compartimentos, que são vistos como um componente do porão de carga útil de um navio. A contentorização transformou alegadamente os administradores oceânicos em empresas de coordenação de pleno direito, equipadas para dar uma forma fundamental de benefício de entrada, além de uma contribuição mais ampla na administração de cadeias de coordenação inteiras, incluindo operações de acompanhamento e directas na própria carga útil.

Partindo de uma premissa subjectiva, sem informação quantitativa final, o nosso objetivo é mostrar que a inclusão de linhas de expedição reservadas como fornecedores da coordenação na cadeia de coordenação é ainda extremamente suscetível de se revelar errada. Mostraremos que a contentorização prepara adequadamente os procedimentos de combinação uniforme e vertical. No entanto, quanto menor for a incerteza sobre a combinação nivelada, mais devemos questionar a junção vertical.

A análise do movimento dos agrupamentos marítimos é persuasiva a este respeito. Assim, propomo-nos fazer um refinamento razoável entre (coordenação do detentor) e (coordenação da carga). A primeira é uma parte essencial do negócio oceânico e é absolutamente o dever da linha de entrega. A segunda inclui o tratamento imediato da mercadoria muito para além do acordo de transporte direto. Este refinamento suscita algumas reservas extremamente sólidas sobre a verdadeira incorporação vertical na cadeia de veículos.

Historicamente, o transporte universal de carga por via marítima exigia a associação de numerosos artistas com experiência prática numa determinada tarefa, que poderiam trabalhar para dar uma administração em benefício do expedidor.

A primeira e principal distinção entre os modos de transporte é o facto de o transporte marítimo se limitar, por assim dizer, a um trajeto porto a porto. É o caso da linha de entrega, seja ela o proprietário ou essencialmente o administrador do navio. Em terra, os modos de transporte rodoviário, ferroviário e fluvial competem entre si, tendo em conta os seus pontos focais e obstáculos distintos. Os diferentes contrastes entre eles são os seus padrões de associação, desenvolvimento e rivalidade intra-modal. De um modo geral, também não se registou uma co-nomeação entre os diferentes modos de transporte terrestre.

Deste ponto de vista modular, organizar o transporte de carga por via marítima é uma tarefa muito exigente, dada a quantidade de intermediários envolvidos. O operador, se atuar como transitário, organiza o transporte para o seu cliente expedidor, coordenando o interesse com a oferta de transporte marítimo acessível fornecida por um especialista em transportes que trabalha no porto B no interesse da linha de entrega, se este último não tiver uma proximidade. O operador de transportes pode, de forma viável, dar proximidade à linha de entrega no porto.

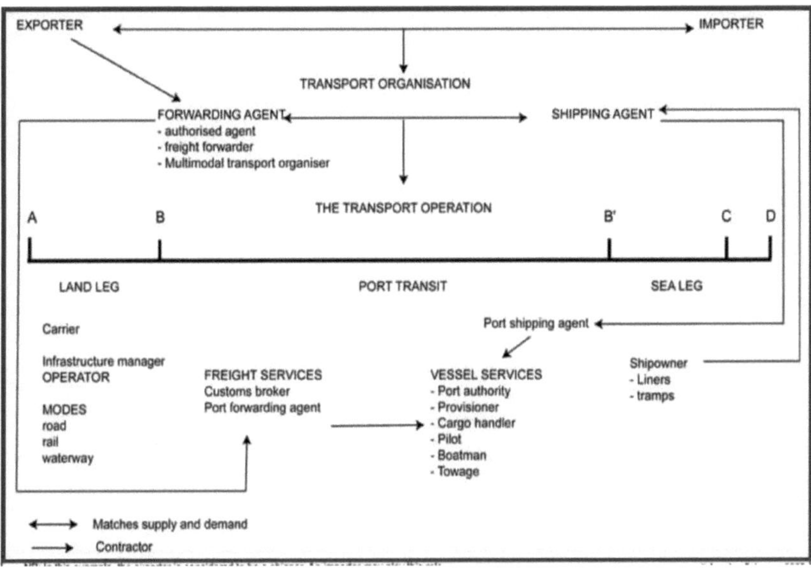

Figura 4: a organização dos transportes

Na chance de que as transações sejam frutíferas, um contrato de veículo atraído para permitir que a operação de transporte real continue. O último inclui personagens na tela do porto que garantem que o acordo seja cumprido, especialmente quando a carga útil está sendo empilhada e descarregada do navio,

Além disso, para a linha de transporte, várias administrações de navios são fundamentais para uma escala frutuosa. Estas dependem de trocas que têm cada uma a sua história e a sua associação, o que diferencia um arranjo espetacular, começando por um porto e passando ao seguinte.

O transporte de carga por via marítima comporta um risco mais grave do que a utilização apenas de transportes terrestres, exatamente devido ao facto de exigir a utilização consecutiva de alguns métodos de transporte, cada um com um ponto de vista de trabalho alternativo. Martin e Thomas (2001) descrevem o grupo portuário necessário para lidar com diferentes produtos antes do aparecimento da contentorização como uma estrutura dividida entre vários actores. Este quadro reflecte a divisão inflexível das diversas capacidades e atribuições destinadas a limitar a obrigação de cada um para com os produtos em caso de danos.

Apesar disso, os direitos podem, em qualquer caso, ser uma área nebulosa, principalmente quando os produtos se deslocam do navio para a terra ou vice-versa, com várias utilizações e tradições em vários portos. Neste quadro, que se poderia designar por "fordista", a administração mundial dos transportes seccionou-se em vários mercados organizados à volta: o transporte marítimo, o transporte pré e pós-expedição e a associação dos transportes. Nestes sectores de atividade, os indivíduos com pedidos encontram os fornecedores e estabelecem trocas com eles. Trata-se de mercados baseados no valor.

Há quatro pontos focais dignos de nota que abriram novas portas para a revisão das cadeias de transporte através da combinação uniforme e vertical dos diferentes intervenientes na cadeia de veículos.

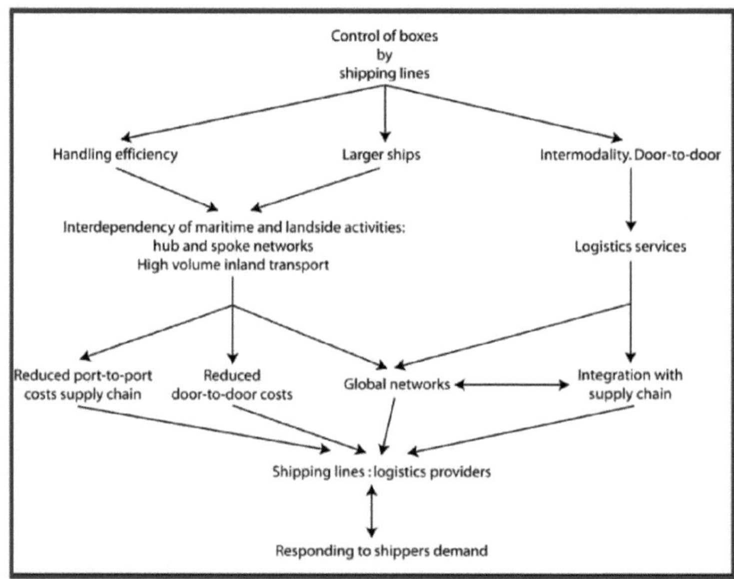

Figura 5: Linhas regulares de transporte marítimo: do controlo das caixas aos serviços de logística T. D. Heaver (2012) regista os potenciais pontos focais deste tipo de combinação de operações de coordenação para um administrador de compartimento, neste caso uma linha de transporte. O pedido de um determinado cliente para um movimento pode reforçar outro. Da mesma forma, como as aeronaves fabricam alojamentos tendo em mente o objetivo final de preencher os seus campos, um administrador de compartimentos pode fornecer o benefício da coordenação para completar os seus detentores e garantir a firmeza dos seus clientes.

Os especialistas financeiros têm sobretudo a possibilidade de diminuir os custos de troca entre os diversos segmentos da cadeia de coordenação, disfarçando-os e controlando toda a cadeia, o que torna a simplicidade mais proeminente. Uma outra fonte crítica de colaborações tem origem na utilização partilhada de um quadro de dados, que pode novamente estender-se desde a administração de fluxos de titulares até à administração de produtos. Em conclusão, a junção do trabalho da coordenação permite uma melhoria mais proeminente do negócio, dando assim maior segurança contra variações de negócio e de valor numa ou noutra parte da cadeia.

Para um transportador oceânico, existem três opções: organizações em conjunto com outras linhas de entrega, outrora concorrentes, mas agora cúmplices inevitáveis; aquisição de um concorrente; e, finalmente, desenvolvimento interno da organização. O objetivo destes três tipos de associação, para além de um desejo geral de aumentar os volumes transportados, pode ser o de expandir a fatia do bolo num determinado percurso marítimo ou, por outro lado, alargar o âmbito topográfico oferecido pelos sistemas marítimos da linha. Esta última solução não proporciona economias de escala significativas no início, uma vez que a instalação num outro mercado é insegura e implica inicialmente pequenas fatias do bolo, a menos que um administrador importante com proximidade na mesma divisão geológica tenha comprado um desconto. O procedimento do ponto central é um método menos inseguro de fazer o mesmo e de receber a maior parte das recompensas se os volumes aumentarem após algum tempo.

As decisões acessíveis às linhas de entrega são praticamente as mesmas para os transportadores e transitários, através da criação de sistemas de terminais ou escritórios. Em todo o caso, há uma distinção notável entre transitários e linhas de transporte ou manipuladores de carga. A questão do primeiro exige fundamentalmente que os RH reforcem um sistema de escritórios que favoreça o contacto com os clientes carregadores, enquanto o último deve primeiro fazer especulações de capital substanciais para ter a capacidade de garantir ligações oceânicas e terrestres ou operações de tratamento em grande escala.

A contentorização encoraja igualmente a incorporação vertical com vista a receber a maior parte dos benefícios do transporte polivalente, desta vez, por oposição às economias de escala. Um administrador de transportes multimodais (MTO) substitui um quadro fragmentado em que o expedidor assinava contratos separados com cada transportador monomodo por um contrato único com um administrador multimodal único, que será então responsável por todos os veículos durante toda a viagem. Ter a capacidade de reagir às necessidades dos seus clientes com o âmbito mais alargado possível das administrações de coordenação não é, de modo algum, a única vantagem para um MTO deste tipo, devendo igualmente beneficiar da sua própria associação interna particular, que é uma fonte de fundos de reserva.

Quando uma linha de transporte coordena os elementos de um especialista em entregas na sua atividade, pode ter a sua própria representação nos portos e deixa de estar sujeita a um operador externo que, apesar de trabalhar obviamente para a linha de entregas, pode igualmente oferecer as suas administrações a um concorrente. Fundamentalmente, trata-se de uma especulação empresarial para reforçar o contacto coordenado com os clientes dos operadores de envio de carga ou dos carregadores. Para além dos locais de trabalho nos portos, é necessário dinheiro humano para estar em contacto com as circunstâncias próximas num determinado mercado.

Quando uma linha de transporte coordena os elementos de um manipulador de carga na sua atividade, pode assegurar as suas operações portuárias, especialmente nos centros, o que implica a idealização da nomeação conjunta de escalas pelos seus diferentes navios-mãe e alimentadores. Ao assumir o controlo das operações, a linha de entrega deixa de estar sujeita a uma organização que não controla e pode planear as suas embarcações através de um terminal que está totalmente empenhado nas suas próprias operações. Isto requer uma especulação significativa, que é defendida por um volume suficientemente elevado de escalas; geralmente, o terminal comprometido seria subutilizado e perderia dinheiro.

Para além dos elementos de especialista em entregas e de manipulador de cargas, uma linha de transporte pode ainda coordenar a cadeia de veículos transformando-se em transportador terrestre, transitário ou, eventualmente, fornecedor de coordenação. Deixa então a parte oceânica e portuária para participar na secção de transporte terrestre. A linha de distribuição afasta-se do seu centro de atividade para experimentar novos arranjos de questões.

Pode tornar-se um administrador ferroviário ou rodoviário, o que presumivelmente lhe daria um melhor controlo sobre a sua atividade de armada de compartimentos, mas pode perder as potenciais circunstâncias favoráveis que retira da rivalidade entre os diferentes modos terrestres. Do mesmo modo, ao tornar-se um especialista de envio ou um fornecedor de coordenação, expande a sua atividade ao atender especificamente os carregadores. Apanha algumas mercadorias que garantem o abastecimento dos seus barcos, mas, entretanto, entra em rivalidade potencial com os seus clientes habituais, os transitários, e arrisca-se a perder os produtos.

A contentorização incentiva a passagem de mercados baseados no valor para mercados sociais em que a oferta de transporte já não é fragmentada, mas oferece uma resposta de entrada para os expedidores, que pode ser incorporada numa resposta mais alargada para a administração da rede de lojas do expedidor. A contentorização prepara os mercados sociais, uma vez que institucionalizou os estados do modo de transporte de entrada através da flexibilidade.

2.2 Administração de navios

O transporte é a via mais importante para a deslocação de titulares de bens de longa duração em todo o mundo. Atualmente, 85% das trocas mundiais são efectuadas por barcos. No total, existem 25 000 a 30 000 embarcações e mais de 1,4 milhões de marinheiros. A atividade com estas embarcações e grupos representa um mercado potencial de 3 a 5 mil milhões de dólares americanos por ano. Por outro lado, o transporte oceânico é também um domínio de investigação dinâmico da investigação operacional (PO).

Em 2012, Christiansen comprimiu diferentes problemas de RUP que surgiram no transporte marítimo, incluindo o planeamento de navios, a configuração da organização dos transportes marítimos, a direção e a reserva de envios, a escolha da velocidade, a direção ambiental, o empilhamento de entregas e a administração de expedições. A maior parte do esforço de exploração no grupo de pessoas das RUP está empenhada no domínio da direção e do planeamento de navios, como se pode ver numa panorâmica atual de Christiansen (2012).

2.3 Reserva de equipa

A expressão "reserva de equipa" é utilizada para a gestão de pessoal nos transportes, por exemplo, navios, aviões, comboios, transportes, camiões e, além disso, noutros sectores não relacionados com os transportes, por exemplo, cuidados ao domicílio, administrações policiais, enquanto a expressão "grupo" se refere inicialmente aos marinheiros que trabalham a bordo de um navio.

No entanto, a questão do planeamento de equipas à deriva tem sido pouco considerada pelo grupo de pessoas das RUP.

Em 2012, Christiansen reconheceu a questão do planeamento das equipas marítimas através de dois tipos de embarcações: embarcações oceânicas curtas e embarcações oceânicas remotas. Os navios de mar curto fazem escalas em portos de visita e a equipa pode viver em terra. Nesse caso, o grupo pode mudar habitualmente e o planeamento da equipa torna-se um problema de teste. Wermus e Pope apresentaram um desses casos numa análise sobre a reserva de pilotos de porto que guiam os enormes barcos para um porto.

O calendário de um piloto portuário é um arranjo de dias de trabalho, dias de folga e dias de espera, com o objetivo final de que as direcções de trabalho, por exemplo, as horas de trabalho sequenciais mais extremas sejam cumpridas e as cargas de trabalho sejam distribuídas de forma razoável. Uma heurística de base ligada a este objetivo. Por outro lado, os navios oceânicos remotos têm, em regra, uma equipa estável, que investirá uma longa energia, por exemplo, meses à deriva. A reserva de grupo não é vista como uma questão digna de nota.

Desde a retirada em 2008, os chefes de navio estão a confrontar-se com a expansão, sem qualquer dúvida, da administração dos navios, a fim de aumentar a agressividade e proporcionar uma melhor administração. Os resultados revelam que 88% dos directores de navios consideraram a administração de grupo como um teste importante, e 62% consideraram a administração especializada, incluindo a administração de manutenção, como um teste importante, devido à maior parte do peso dos custos e à consistência com os novos regulamentos.

Com o desenvolvimento da medida de armada mundial e os controlos mais rigorosos, um dispositivo de administração de equipas baseado em PC está a confrontar-se com um interesse crescente para suplantar os quadros de pinos ou as folhas de expectativas Exceed. Esta programação de reserva de equipas deve ter a capacidade de organizar e planear o grupo para as suas posições qualificadas, em conformidade com os controlos. Tais direcções de trabalho garantem uma vigilância adequada a bordo, asseguram o cumprimento das tarefas normais de bem-estar e manutenção e estipulam horas de descanso adequadas para cada marinheiro. No entanto, poucos programas executam essas novas direcções.

O agente Team Consistence Streamlining (CCO), criado em conjunto pela Fraunhofer, é feito à medida para o planeamento consistente de grupos marítimos, e é contabilizado em 2014. O CCO é composto por dois módulos de melhoramento: o módulo costeiro que escolhe a estrutura da equipa e mantém o nível de atenção com o objetivo de minimizar os custos; o módulo disponível localmente que optimiza novamente as horas de trabalho e de descanso da equipa com o objetivo de limitar e ajustar a pilha de trabalho. O módulo sujeito a alterações a curto prazo, por exemplo, atraso do plano, acessibilidade do porto, apoio espontâneo, etc.

Dentro do sistema CCO, o designer apresenta dois empreendimentos distintos de reserva de grupos: o planeamento de equipas de longo curso com um horizonte de arranjos de meses a anos e a reserva de grupos transitórios com um horizonte de arranjos de meia hora. Em 2014, John Lam apresentou o problema do planeamento de grupos de longo curso com um modelo de programação direta para o mesmo. O objetivo é ajudar o diretor do navio a distribuir um grande número de marinheiros por vários barcos num período de um ano.

Foi utilizada uma abordagem em duas fases. Numa primeira fase, os períodos de acordo são desenvolvidos tendo em conta as mudanças de equipa e de posição concebíveis num navio. Na segunda fase, estes períodos de acordo serão atribuídos a marinheiros qualificados, com o objetivo final de que os controlos de trabalho, por exemplo, o tempo de licença mínimo e máximo para um marinheiro após o cumprimento de um acordo, sejam cumpridos e o custo agregado seja limitado. O custo agregado inclui a indemnização do pessoal e, além disso, o custo da viagem, se o marinheiro tiver de se deslocar de ou para o porto de início ou de fim da convenção.

Esta plausibilidade da excursão "deadhead" é igualmente um dos principais contrastes entre a reserva de grupos marítimos e o planeamento de equipas de transportadoras. O planeamento da equipa de transporte é normalmente isolado em dois subproblemas, a correspondência de grupo que escolhe uma sucessão de pernas de voo que começa e termina numa base de equipa semelhante e cada objetivo de voo corresponde à descolagem do voo seguinte, depois o passo de tarefa de grupo que acompanha relega os indivíduos da equipa para cada mistura.

Devido à possibilidade de começar por um porto de fim de contrato e depois para o porto de início do contrato seguinte da equipa oceânica, o grupo mistura-se e a tarefa é coordenada numa operação preparada, o que deve levar a uma maior vantagem de melhoria.

Além disso, cada etapa de voo demora apenas algumas horas, enquanto o período de tempo acordado num navio é, em regra, de dois a nove meses, desta forma. Uma reserva de grupo de longo curso deve ter em conta a organização da profissão representativa, a experiência do marinheiro deve dispersar-se por vários tipos de embarcações e diversas aptidões, de modo a que possam realizar uma melhor preparação e adquirir certas capacidades e progressos.

É importante notar que são necessários peritos distintos com capacidades específicas num navio, por exemplo, design, ou com conhecimentos geológicos específicos, piloto. O organizador do grupo deve escolher o número correto de peritos de cada categoria a contratar, preparar e adiantar, tendo em conta os pedidos de manutenção da armada prevista e a perda constante nos anos seguintes.

Um modelo MIP utilizado para responder às necessidades de efectivos de uma armada previstas para um período de um a cinco anos. O modelo toma como informação os níveis salariais, os custos de preparação, as taxas de desgaste autênticas e os indicadores de juros de funcionamento por reivindicação e propõe novos contratos por posição em oposição à preparação e progressão do pessoal existente.

A questão do planeamento de equipas temporárias começou igualmente a ser tida em consideração devido à diminuição do nível de vigilância disponível localmente e aos controlos de trabalho mais rigorosos sobre as horas de trabalho e de descanso. John Lam (2008) apresentou um dispositivo de apoio à escolha para o planeamento de equipas aqui e agora. O objetivo é planear as tarefas disponíveis localmente, por exemplo, vigilância, trabalhos portuários, tarefas de apoio e tarefas de autoridade, para agrupar indivíduos numa premissa de meia hora, de tal forma que as suas horas de trabalho e de descanso estejam em conformidade com o controlo do trabalho MLC.

Estes controlos sobre as horas de trabalho e de descanso incluem: não se deve trabalhar mais de 14 horas em 24 horas, não se deve trabalhar mais de 91 horas em 7 dias e não deve haver mais de dois períodos de descanso por dia e cada período de descanso não deve ser inferior a 6 horas. As tarefas instaladas são separadas em função da adaptabilidade, das tarefas a tempo fixo, por exemplo, vigilância, trabalhos portuários, etc., que devem ser efectuadas à hora marcada, e das tarefas a tempo flexível, por exemplo, tarefas de autoridade, tarefas de manutenção, etc., que permitem a adaptabilidade do tempo.

É apresentado um modelo de programação direta de números inteiros para esta melhoria das horas de trabalho e de repouso, e é proposta uma heurística de ordenação voraz como abordagem de arranjo, que ordena a lista de empresas por adaptabilidade com o objetivo final de que a tarefa mais adaptável (no que diz respeito ao tempo e à qualificação da equipa) seja atribuída mais tarde. O objetivo voraz da tarefa é duplo, o objetivo do modo de local de trabalho é diminuir o custo do grupo, enquanto o objetivo do modo disponível localmente é ajustar a carga de trabalho e reoptimizar se surgir uma ocorrência de mudança espontânea no calendário portuário e na acessibilidade da equipa.

O transporte marítimo tem sido um desenvolvimento humano imperativo ao longo de toda a história, particularmente quando a realização dependia, num sentido geral, do comércio global e inter-regional. De facto, o transporte tem sido considerado um dos quatro pilares da globalização, juntamente com as correspondências, a organização global e o avanço do comércio.

O transporte marítimo tem sido a verdadeira estratégia de transporte para o comércio global. Os portos são os principais pontos centrais do transporte marítimo e, consequentemente, a sua execução e viabilidade têm um impacto na força global de uma zona. Com a criação da concorrência entre vizinhos, muitos portos estão a tentar reconhecer um desejo-chave razoável e concentrar as aptidões, lembrando o verdadeiro objetivo de acabar obviamente por ser um motor de melhoria relacionado com o dinheiro. Um clima de negócios organizado pelo cliente, em qualquer caso, exige que os portos descrevam claramente as suas principais ofertas e clarifiquem as ofertas da sua organização.

A organização do sistema de stocks transformou-se numa prática empresarial transcendente, uma vez que a concorrência atual reforçou a sua importância não só entre empresas individuais, mas também entre cadeias de abastecimento. Normalmente, os portos são considerados como uma unidade de transporte retirada. Atualmente, é fundamental estudar os portos no que diz respeito à organização da produção.

Os portos de pesquisa como um segmento fundido do sistema global de stocks podem sinergizar as ofertas impulsionadas de portos sinergizados com linhas de transporte, carregadores e associações de profissionais marginalizados. Ao valorizar as cadeias de abastecimento em que se inserem, os portos têm melhores oportunidades de obter uma vantagem competitiva na concorrência portuária.

Muito trabalho tem sido feito para estudar os portos a partir de uma perspetiva de arranjo de geração nas zonas de fusíveis de porta/terminal na organização da criação, estimativas de execução de porta e estruturas de sistema de contenção de porta em andamento.

Além disso, alguns trabalhos conceptualizam as ofertas reforçadas e as partes essenciais dos portos do ponto de vista da organização do sistema de stocks. Em todo o caso, poucos trabalhos se têm dedicado a aplicar estes movimentos teóricos para retratar a organização imperativa de um porto numa região multiportuária. O primeiro trabalho de Fisher (1997) propôs dois procedimentos inconfundíveis para o sistema de stocks: adequação física e capacidade de resposta ao mercado. Eventualmente, é obscuro o modo como as teorias da estratégia do sistema de stocks se associam para a especificação de um procedimento portuário.

Tendo em conta as diferentes qualidades imaginativas, financeiras e socioculturais, só um país fenomenal pode manter-se totalmente alheio às actividades fiscais de outros países. Na verdade, vários países têm assistido a um espantoso avanço financeiro no passado atual devido ao seu entusiasmo em abrir as suas fronteiras e mercados ao comércio externo. Este fluxo alargado de dados, recursos, artigos e organizações entre as nações do nosso mundo chama-se "globalização", formalmente descrita como a mudança de uma economia global inquestionavelmente fundida, carimbada especialmente pelo comércio desimpedido, fluxo livre de capital e a exploração de mercados de trabalho externos mais acessíveis. Exemplos de globalização como apoio ou hostil à força global da terra, paz e progresso viável. Embora o julgamento desses casos esteja além do escopo deste capítulo, esta área discute o transporte marítimo, um operador facilitador da globalização.

O transporte e o transporte marítimo demonstraram e continuam a ser elementos fundamentais no desenvolvimento da globalização. O sector marítimo alterou as suas progressões, registos nacionais e recursos de trabalho ao longo das últimas décadas para servir as solicitações da globalização.

As teorias e práticas da organização do sistema de stocks têm vindo a aumentar desde a década de 1990. Uma das principais estimativas da organização do sistema de stocks é a forma como as suas estruturas tratam de organizar uma atividade com actividades a montante e a jusante. Por exemplo, para uma decisão de escolha de um porto, não se considera apenas as organizações oferecidas pelos presidentes dos terminais portuários, mas também os benefícios de transporte entre o porto e o objetivo de iniciação da carga útil, o espaço alfandegário, as organizações de transporte marítimo e as organizações incluídas nas colaborações intocáveis.

A pergunta sobre a estrutura de organização da loja tem a sua raiz no trabalho básico de Marshall Fisher (1997). Fisher propôs a técnica de organização de lojas, que consiste na capacidade física para artigos utilitários com um prémio óbvio e na capacidade de resposta ao mercado para artigos criativos com uma procura extravagante. A sua tipologia é, em grande medida, bem conhecida das autoridades actuais. Além disso, foi validada por estudos de investigação, que confirmaram que as estruturas perfeitas do sistema de existências são controladas pelas características das coisas e da procura.

Outra perspetiva da técnica do sistema em andamento fez o refinamento entre as cadeias de suprimentos enxutas e ágeis. No momento em que tudo está dito e feito, as coisas razoáveis devem usar uma organização de geração enxuta, que é fisicamente capaz, enquanto é melhor para as coisas imaginativas agarrar uma organização de criação rápida que é responsiva ao mercado. Para o tipo de coisa rafeira, que inclui ambas as partes, viáveis e imaginativas, deve ser associada uma organização de loja "ágil".

Mais tarde, duas análises, Selldin (2007) e Sonia (2010), analisaram as estratégias de organização da geração dos criadores. Descobrimos que a maioria das filiações usa um sistema de creme para cuidar da diminuição do custo e do prazo de entrega, sem qualquer tipo de coisa. Sugeriram que as futuras cadeias de abastecimento terão, muito provavelmente, propriedades tanto de capacidades físicas como de capacidade de resposta.

Para as linhas de transporte, as colaborações que se verificam são as "colaborações do titular". Trata-se de impulsionar a organização da força de trabalho do detentor. Esta frota dirige-se, perto dos navios, a uma medida impressionante de capital instalado. Para que uma embarcação de compartimentos funcione o suficiente, é necessário um número de detentores duas vezes superior à capacidade da embarcação, com um plano de jogo de compartimentos na embarcação em qualquer altura e dois outros em terra. O custo desta hipótese incomensurável manteve-se proporcionalmente reduzido através de uma melhor organização dos tempos de rotação e do tempo de imobilização dos compartimentos em terra.

Para racionalizar o reposicionamento dos titulares em rotas comerciais que são por natureza desiguais, as companhias marítimas não devem perder o controlo dos fluxos de compartimentos, incluindo nos segmentos terrestres, o que clarifica a alteração da demonstração do transporte terrestre dos titulares pelas companhias de transporte.

Constatamos na nossa análise que, quando o transporte pré e pós-expedição é efectuado essencialmente por via marítima através de métodos para navios feeder, como em Singapura, a abordagem das companhias de transporte continua a ser pouco clara para promover a co-arrumação entre navios-mãe e navios feeder, a fim de assegurar a rotação dos detentores e dos navios mais totalmente empilhados. Estas estratégias de triangulação e co-arranjo são menos exigentes quando se baseiam em estruturas marítimas reais e volumes significativos que copiam os resultados potenciais do reposicionamento.

Evidentemente, o transporte terrestre de compartimentos através de transitários (merchant haulage) não permite que a companhia de transportes tenha um controlo total da informação sobre os seus detentores, o que dificulta espantosamente a rotação dos detentores. Entretanto, independentemente disso, não está disposta a impor disciplinas relacionadas com a tesouraria a um cliente que mantenha os seus detentores durante demasiado tempo, por receio de perder o seu negócio.

Apoio à reserva

A administração de apoio forma o ângulo mais vital da administração especializada, que é vista como o segundo maior teste pelos administradores de navios. O apoio pode ser caracterizado em dois tipos essenciais. O apoio corretivo é efectuado depois de ocorrer uma desilusão local e ser necessária uma reparação para restabelecer a capacidade do navio. Esta manutenção é designada por reparação. A manutenção preventiva, efectuada antes de ocorrer uma desilusão local, permite manter o navio em bom estado e evitar avarias imprevistas.

Em 2012, Deris reconheceu adicionalmente os exercícios de manutenção baseados no porto em escala média e escala significativa, consoante necessitem de um estaleiro (maior) ou sejam efectuados quando amarrados (médio). Aqui, ampliamos o apoio portuário, incluindo adicionalmente a manutenção de restauração, uma vez que não têm um contraste real do ponto de vista da reserva.

A maior parte dos trabalhos actuais concentra-se na manutenção baseada no porto. De Boer et al. [8] apresentaram uma rede de apoio emocional para a manutenção, atualização e reparação de navios nos Países Baixos. As principais tarefas de manutenção de cada navio foram divididas em algumas tarefas com limitações de prioridade. Cada tarefa tem uma data de descarga e requer uma certa medida de vários activos, por exemplo, horas de trabalho do corpo docente, e tipos de equipamento, por exemplo, estaleiro. O objetivo é planear e calendarizar de forma eficiente todas as tarefas de manutenção dentro do limite do ativo. São apresentados dois modelos de organização do âmbito, um modelo total que utiliza a informação total para fazer uma estimativa rigorosa do tempo de fruição do empreendimento sob limitações de limite, e um modelo ponto a ponto à luz do problema de reserva de extensão de dívida de activos.

Em 2012, Mourtzis exibiu igualmente um acordo de programação comparável de organização de âmbito para supervisionar as operações de reparação de navios. A Deris considerou ainda a possibilidade de reservar tarefas de apoio baseadas no porto, incluindo a remodelação e a reparação de navios marítimos na Malásia. As tarefas de manutenção são dadas de forma cíclica, tendo em conta os pré-requisitos de apoio, com um horizonte de arranjo de 200 semanas e um intervalo de tempo de arranjo de uma semana.

O objetivo é melhorar o tempo de início do ciclo de apoio de cada navio, com o objetivo final de ampliar a acessibilidade do navio e de cumprir os imperativos de activos, por exemplo, a acessibilidade do estaleiro. Esta questão é apresentada como uma questão de cumprimento obrigatório e explicada pelo cálculo hereditário.

Apenas alguns trabalhos consideraram a reserva de actividades de apoio instaladas. Em 2012, Gole Amii apresentou um trabalho sobre a reserva de operações de apoio e de subsistemas de navios para um transporte de compartimentos na Coreia. Classificaram os exercícios de manutenção instalados em dois tipos, os exercícios de arrendamento fundamental padrão e os exercícios de apoio subordinado à operação. Os exercícios de apoio normais, por exemplo, a revisão e a reparação de base, são geralmente cíclicos e determinísticos.

Por outro lado, a operação subordina os exercícios de manutenção, por exemplo, a substituição de peças, realizada numa data de vencimento quando o tempo total de utilização de uma peça específica atinge um limite recomendado. Para uma análise da previsão da necessidade de manutenção baseada na utilização no apoio preventivo.

A reserva de manutenção tem ainda em conta a disponibilidade do grupo e as suas horas extremas de trabalho. O adiamento da tarefa de manutenção em relação à data de vencimento, ou atraso, deve ser limitado, uma vez que aumenta os perigos sistemáticos, enquanto o apoio antecipado em relação à data de vencimento deve igualmente ser limitado, uma vez que aumenta o custo da peça e a carga de trabalho do grupo.

O objetivo é programar as operações e a manutenção do navio ao mesmo tempo, de tal forma que o desvio agregado das datas de vencimento do apoio seja limitado. É introduzido um modelo de programação de números inteiros misturados para caraterizar o problema e, devido à dificuldade deste problema real, é proposta uma técnica de desenvolvimento particular de um problema e uma estratégia de procura de vizinhança como abordagem de arranjo.

Arranjo de stock de peças extra

Para efetuar o apoio instalado, o navio deve transportar peças sobresselentes a bordo. A quantidade de peças extra a transportar localmente disponíveis depende da frequência das escalas nos portos e da acessibilidade das peças extra nesses portos. Além disso, o stock de peças extra a transportar instalado depende igualmente do modelo de organização do stock em função do plano de aquisição-despesa acessível, dos espaços disponíveis localmente para as armazenar e da manutenção e reparação pelo grupo. Neste sentido, a questão de saber quais as peças de reserva a transportar e em que porto dispor das peças suplementares necessárias é uma questão em aberto.

As peças de salvamento reconhecidas em dois tipos, as peças reparáveis e as peças consumíveis. No momento em que se espera a necessidade de manutenção de uma peça reparável, a primeira é suplantada por outra peça e enviada para um reparo para reparo, e a partir daí passa a integrar o estoque para suplantar outra peça que necessite de suporte. Por outro lado, as peças consumíveis são eliminadas quando se prevê a sua necessidade de manutenção e substituídas por outra peça. Algumas coisas reparáveis podem negligenciar a sua recuperação. Estas maravilhas são designadas por "julgamento".

Os modelos habituais de stock utilizam medidas de administração centradas nas coisas, por exemplo, para aumentar a taxa de enchimento, por exemplo, a taxa de peças pedidas rapidamente. Uma abordagem baseada na estrutura mede a acessibilidade de toda a estrutura e não de uma coisa específica.

Uma das primeiras ideias deste tipo foi actualizada na Multi-Echelon Technique for Recoverable Thing Control (METRIC), proposta por Sherbrooke no seu trabalho fundamental sobre a administração de stocks para as forças armadas baseadas na aviação dos EUA. No modelo METRIC, um quadro especializado composto por diferentes coisas, cada uma das quais deverá necessitar de apoio, conforme indicado. Além disso, o modelo inclui vários armazéns onde as peças extra são fornecidas.

Na hipótese remota de que uma coisa fracasse em um centro de distribuição, cheque de chuva enviado para uma parada focal e um tempo de envio para o pedido retido. O modelo de aprimoramento é limitar o total cobrado para manter os estoques, com o objetivo final de que o nível de administração específico alcançado, por exemplo, um maior atraso esperado nas compras não seja ultrapassado ou, por outro lado, o tempo normal de espera não seja muito longo. Foi efectuado um amplo estudo sobre a organização das existências no quadro situado.

Em 2015, a Rustenburg concentrou-se no fundo do mar na montagem de um modelo METRIC extendido, mais especificamente, VARI-METRIC, e ligou-o à administração de stocks de peças extra para a força naval Regal Netherlands. Eles levantaram os impedimentos dos modelos VARI-METRIC, por exemplo, a suposição de um limite interminável no que diz respeito à reparação e a suspeita de que tudo é reparado, ou seja, sem peças consumíveis e sem condenação.

Diaz e Mar, em 2014, resolveram o principal constrangimento do trabalho. Eles familiarizaram uma estrutura de revestimento com a oficina de reparação capacitada, incorporaram-na nos modelos METRIC e observaram que os modelos METRIC convencionais podem levar à subestimação dos pré-requisitos de peças extras. A troca entre o stock de peças extra e o limite de reenvio é adicionalmente analisada por Falcom (2008) e é apresentado um avanço coordenado do controlo do stock e do limite de reparação. Van der Heijden observou ainda que, ao permitir exercícios de manutenção mais rápidos, por exemplo, recrutando mais mão de obra, são necessários menos requisitos de peças extra para atingir um nível de administração semelhante.

CAPÍTULO 3

3. METODOLOGIA

3.1 Introdução

Neste estudo, todas as informações foram recolhidas a partir de dados primários. Esta investigação está a utilizar apenas um método para implementar os dados. A recolha de dados é o processo em que o investigador obtém, reúne e junta as informações importantes para o estudo. Para esta metodologia de investigação, foram distribuídos questionários aos fornecedores de serviços de logística. Os dados primários para este estudo são obtidos através de um questionário. O questionário diz respeito à eficácia da logística no sector da logística multinacional.

Isto deve-se ao facto de poderem acumular os problemas no seu sector. Os dados serão depois testados e avaliados utilizando o SPSS e serão calculados utilizando o método de regressão para conhecer a percentagem. Assim, os dados primários são recolhidos através de um questionário direto para obter rapidamente feedback e informações para este estudo. Esta investigação é efectuada através de um questionário para obter dados sobre a eficácia da logística na indústria logística multinacional.

Os instrumentos utilizados na implementação do inquérito para esta investigação foram o questionário, escolhido entre os outros instrumentos. Este método exige alguns procedimentos e normas de normalização para que o inquérito seja realizado de forma eficaz. O processo de recolha de dados tem de ser consistente para evitar alguns mal-entendidos e a falta de informação necessária. Um questionário normalizado assegurará a comparabilidade dos dados, aumentará a velocidade e a precisão do registo e facilitará o processamento.

O questionário foi distribuído às empresas de logística. Este questionário foi enviado para o correio eletrónico da empresa e o questionário foi distribuído de forma estratificada aos seus colegas. Para além disso, este questionário foi enviado à empresa de logística devido às questões colocadas e aos termos utilizados no questionário. A empresa pode mostrar a sua vantagem competitiva quando conhece o alcance das respostas. Além disso, as faculdades das empresas de logística conhecem os pormenores do sector e podem responder às perguntas de forma eficaz.

3.2 Medição e escala

Neste estudo, foi utilizada uma escala de Likert para identificar a resposta dos inquiridos sobre a eficácia da logística no sector da logística multinacional. A escala utilizada no estudo é: concordo totalmente, discordo totalmente e nem concordo nem discordo, o que é justo. Concordo totalmente significa que os inquiridos concordam totalmente com as perguntas ou afirmações feitas pelo investigador.

Concordam com a opinião do investigador. Por outro lado, discordar totalmente significa que os inquiridos não concordam muito com a opinião do investigador e podem ter uma opinião diferente com base na sua experiência no sector. Por último, mas não menos importante, a imparcialidade, que é o inquirido, não concorda nem discorda da afirmação nos questionários, porque pode não ter conhecimento dos tópicos perguntados. Não têm conhecimento do que foi perguntado. Este facto pode dificultar a avaliação dos questionários para obter melhores resultados.

O inquirido para este estudo é uma das pessoas do sector. Trata-se do comprador, do comprador de transportes, do gestor de logística, do diretor executivo e de vários membros da organização. Têm de responder ao questionário com base nos seus conhecimentos no sector da logística.

O inquirido para este estudo é uma das pessoas do sector. Trata-se do comprador, do comprador de transportes, do gestor de logística, do diretor executivo e de vários membros da organização. Têm de responder ao questionário com base nos seus conhecimentos no sector da logística.

Os inquiridos para este inquérito são 100 inquiridos do sector da logística. Há 53% de gestores de logística e 10% de compradores. Há 53% de gestores de logística, 10% de compradores, 10% de compradores de transportes, 3% de directores executivos e 23% de outros. Os inquiridos são provenientes de diferentes locais e empresas. No entanto, de 100 amostras distribuídas, 2% dos inquiridos não responderam aos questionários na primeira fase. Simplesmente ignoraram o correio eletrónico. A segunda fase foi realizada duas semanas após o envio da mensagem eletrónica inicial, tendo sido enviada uma mensagem eletrónica de lembrete a todos os não respondentes com o mesmo conteúdo. Para os que não responderam, foi enviada uma mensagem de correio eletrónico adicional um mês mais tarde, para a terceira fase, para enviar o questionário e pedir-lhes que colaborassem.

Não podemos aceitar os questionários que foram respondidos pelos inquiridos de forma incompleta. Também temos um problema com o facto de o inquérito não poder ser aceite. Os questionários não são respondidos de forma correcta e adequada. Um por cento do inquérito dos inquiridos não é válido porque as suas respostas não podem ser lidas e avaliadas. Podem dar duas respostas à mesma pergunta ou não responder a certas perguntas. Por conseguinte, a percentagem ou o número de questionários que utilizaram apenas 97 amostras.

Quadro 1: Estratos para a população, estrutura da amostra e respostas ao inquérito.

Estratos	População	Amostra	Respostas (taxa de resposta)
20-49	198	22	15(15%)
50-99	22	27	32(28%)
100-199	190	20	16(17%)
200-499	199	23	20(20%)

500-999	128	4	<u>8(13%)</u>
1000-4999	85	3	<u>5(13%)</u>
5000-	17	1	2(22%)
	1046	100	97

3.3 Métodos quantitativos:

Antes de delinear uma investigação quantitativa, deve escolher se esta será inconfundível ou de teste, uma vez que isso irá gerir a forma como acumula, examina e decifra os resultados. Uma análise clara é representada pelos princípios que a acompanham: os sujeitos são medidos em grande parte uma vez; o objetivo é estabelecer uma relação entre os factores; e, a análise pode incorporar uma população de amostras de centenas ou milhares de sujeitos para garantir que se obteve uma medida substancial de uma ligação resumida entre os factores. Um plano exploratório incorpora sujeitos medidos anteriormente, depois de um tratamento específico, a população de exemplo pode ser pequena e intencionalmente escolhida, e está planeado estabelecer a causalidade entre os factores.

Prólogo de uma análise quantitativa composta no estado atual e na perspetiva do terceiro indivíduo. Abrange os dados que o acompanham e reconhece a questão da exploração. Como em qualquer análise académica, deve indicar de forma inequívoca e sucinta a questão investigada.

Examina a bolsa de auditoria de redação no ponto, incorporando temas-chave e, se essencial, observando os concentrados que utilizaram estratégias comparativas de pedido e investigação. Anote onde existem lacunas importantes e como a sua revisão preenche essas lacunas ou elucida a aprendizagem existente. Descreve a estrutura hipotética e apresenta um esquema da hipótese ou especulação que sustenta a sua análise. Na eventualidade de ser vital, caracterize termos, ideias ou pensamentos novos ou complexos e forneça os dados de base adequados para colocar a questão do exame num contexto apropriado.

A área de técnicas de uma revisão quantitativa deve retratar como cada objetivo da sua revisão foi alcançado. Certifique-se de dar detalhes suficientes para capacitar por usuário pode fazer uma avaliação educada das estratégias que estão sendo utilizadas para adquirir vem sobre relacionado com a questão da exploração. O segmento de estratégias deve ser apresentado no tempo anterior.

A acumulação de informações descreve os aparelhos e as técnicas utilizados para recolher dados e reconhecer os factores que estão a ser medidos, descreve as estratégias utilizadas para obter as informações e assinala se as informações eram anteriores ou se foram recolhidas por si. Na eventualidade de as ter acumulado você mesmo, descreva o tipo de instrumento que utilizou e porquê. Tenha em conta que nenhum índice informativo é impecável, descreva quaisquer restrições nas estratégias de recolha de informações.

O exame das informações descreve os sistemas de tratamento e de dissecação das informações. Se for caso disso, descrever os instrumentos específicos de investigação utilizados para concentrar cada objetivo de exploração, incluindo os métodos científicos e o tipo de programação PC utilizado para controlar a informação.

A conclusão da sua análise deve ser composta de forma imparcial e num formato compacto e exato. Em análises quantitativas, é normal utilizar diagramas, tabelas, gráficos e outros componentes não impressos para ajudar o utilizador a compreender a informação. Assegure-se de que os componentes não literários não se afastam do conteúdo, mas que são utilizados para complementar a representação geral dos resultados e para ajudar a clarificar os principais pontos focados. Dados adicionais sobre como apresentar informações utilizando esquemas e diagramas podem ser encontrados aqui.

Exame dos factos

No exame factual, temos de responder a perguntas como: como é que se pode dissecar a informação? Quais foram as principais descobertas da informação? Os resultados devem ser apresentados no tempo verbal anterior.

Discurso

Os discursos devem ser sistemáticos, legítimos e exaustivos. O diálogo deve fundir as suas descobertas com as descobertas distinguidas no inquérito escrito e situar-se no quadro da estrutura hipotética que sustenta a análise. O diálogo deve ser apresentado no estado atual.

Representação de padrões, análise de agrupamentos ou ligações entre factores - descreva quaisquer padrões que surjam da sua investigação e esclareça todas as descobertas inesperadas e inconsequentes mensuráveis.

Discurso de sugestões

Fazer perguntas às pessoas, tais como o seu salário mensal. Destaque as principais descobertas à luz dos resultados gerais e registe as descobertas que considera essenciais. Como é que os resultados preencheram as lacunas na compreensão da questão da exploração?

3.4 Métodos Qualitativos:

A investigação subjectiva é uma abordagem metodológica abrangente que incorpora muitas técnicas de investigação. O objetivo da investigação subjectiva pode variar em função da base disciplinar, por exemplo, um terapeuta que procura acumular uma compreensão de cima a baixo da conduta humana e das razões que supervisionam essa conduta.

As estratégias subjectivas inspeccionam o porquê e o como da liderança básica, não exatamente o quê, onde, quando ou "quem", e têm uma premissa sólida no campo das ciências humanas para compreender os projectos governamentais e sociais. A investigação subjectiva é predominante entre os investigadores de ciência política, trabalho social e currículo e formação personalizados.

Na perspetiva tradicional dos analistas, as técnicas subjectivas fornecem dados apenas sobre os casos específicos contemplados, e quaisquer conclusões mais amplas são consideradas sugestões. As estratégias quantitativas são utilizadas para procurar o apoio exato a essas especulações de investigação.

Curiosamente, um cientista subjetivo defende que a compreensão de uma maravilha, circunstância ou ocasião tem origem na investigação da totalidade da circunstância, frequentemente com acesso a muita "informação concreta". Pode começar como uma abordagem de hipótese fundamentada, sem que o especialista tenha qualquer compreensão anterior da maravilha; ou a análise pode começar com sugestões e continuar num percurso lógico e exato ao longo de todo o processo de análise.

Uma estratégia bem conhecida para a investigação subjectiva é a análise contextual, que inspecciona "espécimes intencionais" de cima para baixo para melhor compreender um pequeno exemplo, embora os exemplos envolvidos sejam mais regularmente utilizados do que espécimes substanciais que podem igualmente ser dirigidos pelos mesmos especialistas ou focos de investigação relacionados.

CAPÍTULO 4

4.1 Introdução

A técnica quantitativa e subjectiva depende da forma dos inquéritos. Em particular, as respostas obtidas através de inquéritos fechados com diferentes opções de resposta de decisão são dissecadas utilizando estratégias quantitativas e podem incluir gráficos de pizza, diagramas de barras e taxas, enquanto as respostas adquiridas a inquéritos abertos são decompostas utilizando técnicas subjectivas e incluem discursos e exames básicos sem utilização de números e estimativas.

As perguntas devem ser formuladas de forma clara e inequívoca e devem ser introduzidas num pedido inteligente. Os pontos de interesse dos inquéritos incluem uma maior rapidez na recolha de informações, pré-requisitos de baixo ou nenhum custo e maior objetividade em comparação com as numerosas estratégias de opção para a acumulação de informações essenciais. Em todo o caso, os inquéritos também têm alguns inconvenientes, por exemplo, a escolha de decisões de resposta arbitrárias por parte dos inquiridos, sem que estes tenham legitimamente analisado a pergunta, e a falta de plausibilidade para os analistas expressarem as suas considerações adicionais sobre o assunto, devido ao não aparecimento de uma pergunta pertinente.

4.2 Diferentes tipos de inquérito

Inquérito online

Os inquiridos fizeram um pedido para responder à sondagem, que foi enviado por correio. As vantagens dos inquéritos por computador incluem o seu baixo valor, o tempo poupado e o facto de os inquiridos não se sentirem obrigados, podendo responder quando tiverem tempo, dando respostas mais exactas. Em todo o caso, a principal deficiência dos inquéritos por correio é que, ocasionalmente, os inquiridos não tentam anotá-los e podem simplesmente ignorar a sondagem.

Sondagem telefónica

O analista pode telefonar aos potenciais inquiridos com o objetivo de os motivar a responder ao inquérito. A vantagem da sondagem telefónica é o facto de ser concluída num curto espaço de tempo. A principal desvantagem da sondagem telefónica é que, na maior parte das vezes, é dispendiosa. Além disso, a grande maioria dos inquiridos não se sente à vontade para responder a muitas perguntas feitas por telefone e é difícil encontrar uma recolha de testes para resolver o inquérito por telefone.

Revisão interna

Este tipo de inquérito inclui a ida do analista aos inquiridos no seu domicílio ou no seu local de trabalho. A vantagem da análise interna é a maior concentração nos inquéritos recolhidos junto dos inquiridos. No entanto, as análises internas também têm um conjunto de obstáculos, que incluem o facto de serem entediantes, mais dispendiosas e os inquiridos podem não querer ter o especialista nas suas casas ou ambientes de trabalho por diferentes razões.

Questionário por correio

Este tipo de sondagens prevê que o especialista envie o inquérito aos inquiridos por correio, frequentemente acompanhado de um envelope pré-pago. As sondagens por correio têm margem de manobra para dar uma resposta, uma vez que os inquiridos podem responder ao inquérito no seu tempo livre. Os inconvenientes relacionados com os inquéritos por correio incluem o facto de serem dispendiosos, fastidiosos e, ocasionalmente, acabarem no contentor colocado pelos inquiridos. As sondagens podem incluir os seguintes tipos de inquéritos:

Sondagens de perguntas abertas

Os inquéritos abertos contrastam com os diferentes tipos de inquéritos utilizados como parte dos inquéritos, na medida em que os inquéritos abertos podem produzir resultados surpreendentes, o que pode tornar o exame mais único e rentável. Não obstante, é difícil decompor as consequências das descobertas quando a informação é adquirida através da sondagem com inquéritos abertos.

Várias questões de decisão

Oferecemos aos nossos inquiridos um conjunto de respostas que precisam de consultar. A desvantagem de uma sondagem com numerosas perguntas de decisão é que, se houver um número excessivo de respostas para procurar, isso torna o inquérito confuso e cansativo e desmotiva o inquirido a responder à sondagem.

Questões de escala

Adicionalmente designados por inquéritos de posicionamento, apresentam a possibilidade de os inquiridos classificarem as respostas acessíveis aos inquéritos em função da dimensão de um determinado âmbito de qualidades.

4.3 Inquérito:

A essência do método de inquérito é explicada como "questionar indivíduos sobre um tópico ou tópicos e depois descrever as suas respostas". Nos estudos empresariais, o método de inquérito de recolha de dados primários é utilizado para testar conceitos, refletir a atitude das pessoas, estabelecer o nível de satisfação dos clientes, realizar a investigação de segmentação e um conjunto de outros objectivos.

O método de inquérito tem dois objectivos principais:

1. Descrição de certos aspectos ou características da população.

2. Testar hipóteses sobre a natureza das relações numa população.

O método de inquérito divide-se em três categorias: inquérito por correio, inquérito por telefone e entrevista pessoal. As descrições de cada um destes métodos são brevemente explicadas no quadro seguinte, tal como proposto por Jackson (2011).

Quadro 1: Os métodos de inquérito

Método de inquérito	Descrição
Inquérito por correio	Um inquérito escrito que é auto-administrado
Inquérito telefónico	Um inquérito realizado por telefone em que as perguntas são lidas aos inquiridos
Entrevista pessoal	Uma entrevista presencial com o inquirido

Procedimento analítico

Os dados dos inquiridos serão analisados utilizando o pacote estatístico para as ciências sociais (SPSS). Os dados serão recolhidos num período específico, que é durante um mês e meio antes. Ao utilizar o SPSS, método de recolha de dados, os dados são lineares e podem ser facilmente interpretados. É de fácil utilização e interativo para o investigador utilizar e analisar os dados. O software permite efetuar várias análises e o resultado obtido ainda pode ser utilizado para responder às questões e objectivos da investigação. O método de recolha de dados SPSS pode interpretar mais de 70 variáveis de uma só vez.

Ao efetuar a análise de dados nesta investigação, é necessário seguir as etapas e os procedimentos de modo a mostrar os dados ao leitor (Bhatti e Sundram, 2013). Isto deve-se ao facto de os dados estarem organizados de forma adequada para que o leitor possa compreender facilmente a investigação. O segundo procedimento consiste em medir a fiabilidade dos dados dos inquiridos. A fiabilidade da medida é estabelecida através de testes de consistência e estabilidade. A consistência indica até que ponto os itens que medem um conceito se articulam como um conjunto. Além disso, a estabilidade explica a medida a que se acedeu através da fiabilidade da forma paralela. A análise da fiabilidade utilizará os dados de Cronbach para interpretar os resultados.

O terceiro procedimento é a análise dos factores que contribuem para a eficácia da logística na indústria logística multinacional. A análise dos factores mede se os factores estabelecidos são aceitáveis ou não para os resultados. Além disso, a técnica utilizada para interpretar os dados é a técnica multivariada. Isto confirmará se as dimensões teorizadas emergem. Além disso, a análise dos factores mostra a perceção do inquirido sobre os factores estabelecidos pelo investigador. Depois de decidido o número de factores extraídos, o passo seguinte foi interpretar os factores, identificando os factores que estavam associados às variáveis originais. De seguida, explicou-se a análise descritiva. Os dados mostram a média e o desvio padrão identificados através dos dados recolhidos junto dos inquiridos. Os factores que influenciam a eficácia logística mostram que a sua média é superior a um. Os factores que se referem às dimensões em análise posterior.

Além disso, a análise vai mais longe com a interpretação das estatísticas de correlação. Esta serve para verificar se existe uma relação significativa entre as variáveis. O aumento das correlações positivas de uma variável com o aumento de outra variável. O valor P indica a significância da relação entre as variáveis. A variável que tem valor de significância deve ser inferior a 0,05 das variáveis, então mostra significância para a variável.

Finalmente, o SPSS ajudará a analisar os dados de regressão para mostrar a equação que representa a melhor previsão de uma variável dependente a partir de várias variáveis independentes. Isto dará o resultado se os factores ou variáveis que o investigador estabeleceu têm realmente efeito na variável dependente.

CAPÍTULO 5

resultado da análise

5.1 Introdução

Dados demográficos gerais

Descrever a relação entre uma amostra e a sua população é muito significativo e, para transmitir essa relação, temos de ser capazes de a descrever em termos de características comuns à amostra e à sua população do sector da logística (Oppenheim, 1992). Por conseguinte, a presente secção tem como principal objetivo apresentar uma análise descritiva da amostra, a fim de proporcionar uma visão geral das características dos inquiridos. O objetivo é fornecer uma breve descrição das variáveis demográficas dos inquiridos.

Tabela 2: Factores demográficos

	Categories	Frequency	Percentage (%)
AGE	20-30	21	21.6
	30-40	21	21.6
	40-50	55	56.7
POSITION IN COMPANY	PURCHASER	14	14.4
	TRANSPORT PURCHASER	15	15.5
	LOGISTIC MANAGER	37	38.1
	CEO	16	16.5
	OTHER	15	15.5
OCCUPATION	GOVERNMENT	29	29.9
	PRIVATE	68	70.1
EXPERIENCE	< 1 YEAR	16	16.5
	>3 YEARS	26	26.8
	>5 YEARS	33	34.0
	>10 YEARS	22	22.7

5.2 Análise de regressão

Tabela 3: Análise de regressão

Model	Unstandardized Coefficients		Standardized Coefficient	t	Sig.
	B	Std. Error	Beta		
Constant	2.910	0.411		7.087	0.000
Sustainability strategy	0.179	0.092	0.201	1.961	0.033
Greening transport operations	0.017	0.083	0.020	0.199	0.043
Greening transport procuremen t	0.192	0.695	0.204	2.030	0.045
Dependent variable: Logistics effectiveness					
R^2	0.067				
F test	3.296				

Com o R^2 , os modelos que explicam as variáveis independentes sobre a eficácia logística no sector da logística multinacional são bastante significativos. A figura mostra que a ecologização das aquisições no sector dos transportes tem o maior impacto na eficácia logística no sector da logística multinacional. A eficácia logística analisa efetivamente a forma como as pessoas do sector podem gerir a sua empresa para se tornarem ecológicas. Se a empresa planeia melhorar a estratégia de ecologização, deve adquirir os materiais que sejam ecológicos. A direção da empresa pede para comprar os materiais para fabricar o produto com base na necessidade de proteger a natureza.

O segundo fator que influencia a eficácia da logística na indústria logística multinacional é a ecologização das operações de transporte. Isto deve-se ao facto de não estarem conscientes das emissões de gases provenientes dos transportes. Para além disso, a utilização de transportes não pode ser controlada porque a logística precisa de utilizar transportes para entregar os bens aos clientes. A indústria precisa de transportes para gerir o seu negócio e isso vai causar emissões de gases para a natureza.

Por fim, o último fator que menos afecta a eficácia logística é a estratégia de sustentabilidade. Isto deve-se ao facto de a empresa poder não ter em conta os requisitos ambientais na altura em que construiu a estratégia da empresa. O fluxo de gestão das empresas dependerá da estratégia que elas melhorarem. Se os amigos do ambiente não forem incluídos na sua estratégia, podem causar efeitos na natureza.

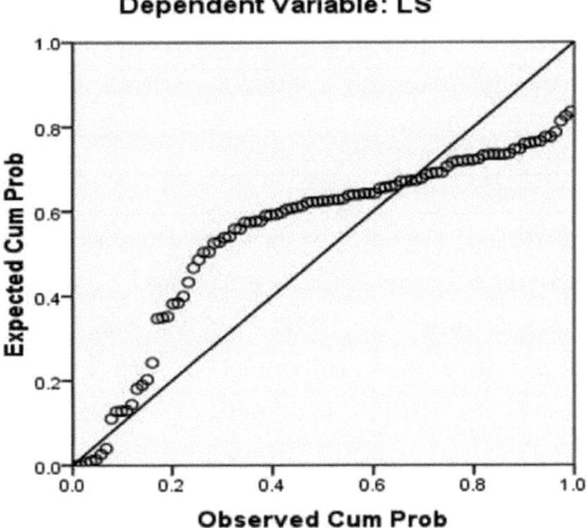

Figura 2: Gráfico de dispersão da regressão

5.3 Média e desvio padrão

Quadro 4: apresenta o resultado da média e do desvio-padrão da estratégia de sustentabilidade.

Independent variable: Sustainability Strategy	Mean	Std. Deviation
Our company has an explicit greenhouse gas emission reduction strategy	2.3814	0.69886
Our company has educate employees on environment issues	2.5979	0.55264
Our company has performs life cycle assessments of our products	2.8557	0.38160
Our company has includes environmental performance criteria in the evaluation of employees	2.0722	0.78059
Our company has publishes an environment report	2.6082	0.60478
Our company has EMS	2.4845	0.61430

A média e o desvio padrão para a estratégia de sustentabilidade foram calculados como se mostra acima. A média para a primeira dimensão é de 2,3814 e o desvio padrão é de 0,69886. Em seguida, a segunda dimensão é de 2,5979 e 0,55264 para a média e o desvio padrão, respetivamente.

A terceira dimensão mostra que a média é de 2,8557 e o desvio padrão é de 0,78059. A média da quarta dimensão é de 2,6082 e o desvio padrão é de 0,60478. A última dimensão mostra que a média é de 2,4845 e o desvio padrão é de 0,61430.

Quadro 5: apresenta o resultado da média e do desvio-padrão da operação de transporte ecológico.

Variável independente: Estratégia de transportes ecológicos	Média	Std. Desvio
Aumento da quota do transporte marítimo no nosso sistema logístico	2.1649	0.65639
Aumento da quota do transporte ferroviário no nosso sistema logístico	1.5979	0.75911

Aplicação de formas horizontais de cooperação com outros carregadores	2.5052	0.64749
Medimos e comunicámos as emissões dos transportes às nossas partes interessadas	2.6804	0.51126
Realizou investimentos para melhorar o desempenho ambiental dos transportes	2.7835	0.41399
Utilização de ferramentas informáticas para a análise da eficiência dos nossos transportes	2.4742	0.64699
Redução dos volumes totais de transporte de mercadorias	2.7629	0.49525
Redução do número de expedições de emergência	2.6495	0.59584

A média e o desvio padrão para a operação de transporte de greening foram calculados como se mostra acima. A média para a primeira dimensão é de 2,1649 e o desvio padrão é de 0,65639. Seguidamente, a segunda dimensão é de 1,5979 e 0,75911 para a média e o desvio padrão, respetivamente. A terceira dimensão mostra que a média é de 2,5052 e o desvio padrão é de 0,64749. A média da quarta dimensão é de 2,6804 e o desvio padrão de 0,51126. A próxima dimensão mostra que a média é de 2,7835 e o desvio padrão é de 0,41399. Além disso, a tabela mostra que a sexta e a sétima dimensão calcularam a média de 2,4742 e 2,7629, respetivamente. Os desvios-padrão são 0,64699 e 0,49525, respetivamente. A última dimensão mostra que a média é 2,6495 e o desvio padrão é 0,59584.

Quadro 6: Resultado da média e do desvio-padrão para a ecologização dos contratos públicos de transporte.

Variável independente: Ecologização dos contratos públicos de transporte	Média	Std.	
		Desvio	
Exigir que os nossos fornecedores de transportes sejam certificados ambientalmente	2.5979	0.6506	
Incluir critérios ambientais na avaliação dos fornecedores de serviços de transporte	2.8763	0.41477	
Utilizou ferramentas electrónicas de contratação para exercer pressão ambiental sobre a LSP	2.7629	0.51586	
Motoristas formados em Eco-driving exigidos	2.1443	0.93530	
Exigido para veículos com classe EURO elevada	2.6701	0.60762	
Pagou uma sobretaxa de compensação climática pelo nosso transporte	2.1753	0.84175	

A média e o desvio-padrão para o aprovisionamento de transportes ecológicos foram calculados como se mostra acima. A média para a primeira dimensão é de 2,5979 e o desvio padrão é de 0,6506. Em seguida, a segunda dimensão é de 2,8763 e 0,41477 para a média e o desvio padrão, respetivamente. A terceira dimensão mostra que a média é 2,7629 e o desvio padrão é 0,51586. A média da quarta dimensão é de 2,1443 e o desvio padrão é de 0,93530. A dimensão seguinte mostra que a média é de 2,6701 e o desvio padrão é de 0,60762. Por último, a média mostra 2,1753 e o desvio padrão é 0,84175

Quadro 7: Resultado da média e do desvio-padrão para a eficácia logística.

Variável independente: Eficácia logística	Média	Std.
		Desvio
Consistência na entrega	2.9072	0.41035
Prazos de encomenda	2.8969	0.39488
Encomendas anteriores	2.8763	0.41477
Perdas e danos	3.0000	0.0000
Fiabilidade geral	2.97278	0.36077
Reclamações dos clientes	2.7938	0.53887
Satisfação global do cliente	3.0000	0.0000

A média e o desvio-padrão para a eficácia logística foram calculados como se mostra acima. A média para a primeira dimensão é de 2,9072 e o desvio padrão é de 0,42035. Em seguida, a segunda dimensão é de 2,8969 e 0,39488 para a média e o desvio padrão, respetivamente. A terceira dimensão mostra que a média é 2,8763 e o desvio padrão é 0,41477. A média para a quarta dimensão é 3,0000 e o desvio padrão 0,0000. A próxima dimensão mostra que a média é de 2,97278 e o desvio padrão é de 0,36077. Além disso, a tabela mostra que a sexta e a sétima dimensão calcularam a média de 2,7938 e 0,53887, respetivamente. A última dimensão mostra que a média é 3,0000 e o desvio padrão é 0,0000.

5.4 Média e desvio padrão das variáveis do estudo

Quadro 8: Resultado das estatísticas descritivas.

Estatísticas descritivas			
Variável	Média	Desvio Std. Desvio	Alfa de Cronbach
Estratégia de sustentabilidade	2.5000	0.22948	0.251
Tornar a operação de transporte mais ecológica	2.4523	0.20606	0.067
Tornar os contratos públicos de transportes mais ecológicos	2.5378	0.23012	0.576
Eficácia logística	2.9146	0.19195	0.574

A média e o desvio-padrão calculados para as variáveis são apresentados no quadro acima. A estratégia de sustentabilidade, como primeira dimensão do estudo, apresenta uma média de 2,5000 e um desvio-padrão de 0,22948. A dimensão seguinte é a ecologização das operações de transporte, cuja média é de 2,4523 e o desvio-padrão é de 0,20606. A terceira dimensão deste estudo é a ecologização das aquisições de transportes, cuja média calculada é de 2,5378 e o desvio-padrão de 0,23012. Por último, mas não menos importante, a eficácia logística, cuja média é de 2,9146 e o desvio-padrão é de 0,19195.

Testes de hipóteses

Neste estudo, foram efectuados vários testes de hipóteses para identificar a força destas variáveis. O primeiro teste é o Mahala Nobis. Este teste destina-se a avaliar se o ponto de dados pode ser um outlier e se os dados observados são uma variável multivariada. Com base nos dados desta investigação, mostra-se que os dados dos inquiridos 12, 17 e 67 são os outliers dos outros inquiridos. Os valores anómalos significam que o feedback do inquirido é muito diferente do dos outros inquiridos. O segundo teste é o teste de suposição de Durbin Watson.

Em estatística, Durbin Watson é um teste utilizado para detetar a presença de autocorrelação, que é a relação entre os valores, separados uns dos outros por um determinado desfasamento temporal, nos resíduos da análise de regressão. Este teste serve para identificar se existem variáveis que possam influenciar os dados. Além disso, também pode identificar se existem outros factores que podem perturbar os dados. Para avaliar os dados, é necessário utilizar um nível de confiança de 95% para as variáveis. Nos dados, todas as variáveis independentes apresentaram bons resultados, pois o valor está próximo de dois.

O último teste que é testado é o da normalidade. A avaliação da normalidade dos dados é um pré-requisito para muitos testes estatísticos, uma vez que a normalidade dos dados é um pressuposto subjacente aos testes paramétricos. Existem dois métodos principais de avaliação da normalidade, que são o gráfico e o numérico.

Quadro 9: Resultado de Durbin Watson

Modelo	Intervalo de confiança de 95%	
	Limite inferior	Limite superior
Constante	2.095	3.543
SS	0.222	0.131
GTO	0.268	0.128
GTP	0.022	0.322

Quadro 10: Teste de normalidade

variable	skewness value		kurtosis value	
	Statistics	std.error	statistic	std.error
sustainability strategy	0.122	o.245	-0.424	0.485
greening transport operations	0.420	0.425	0.782	0.485
greening transport procurement	-0.249	0.245	-0.438	0,485
logistics effectiveness	-3.141	0.245	11.745	0.485

DISCUSSÃO

Estratégia de sustentabilidade

Uma das razões pelas quais concordam com a estratégia de sustentabilidade é que as empresas podem melhorar a aplicação da logística inversa nas suas actividades comerciais. Por logística inversa entende-se todas as operações relacionadas com a reutilização de produtos e materiais. É o processo de deslocação de bens do seu destino final típico para a captura de valor. O conceito de sustentabilidade tem se tornado cada vez mais importante para as organizações e tem permeado uma série de decisões gerenciais e organizacionais.

Os segundos factores que podem provar que a estratégia de sustentabilidade influenciou a eficácia da logística ao tornar a logística verde uma parte dos planos da cadeia de abastecimento. A logística verde refere-se a uma forma de logística concebida não só para ser amiga do ambiente, mas também para funcionar economicamente. Por isso, as empresas do sector devem ter uma boa estratégia para reduzir o custo das operações e também para reduzir a poluição das actividades logísticas.

Tornar as operações de transporte mais ecológicas

As operações de transporte ecológico ajudam a equilibrar os sistemas que permitem a criação sustentável, o crescimento e o bem-estar. Esta interdependência existe entre o ambiente, a sociedade e a sua economia, o que faz com que cada esfera crie impactos positivos e negativos sobre as outras. Por exemplo, o ambiente pode prejudicar a economia e a sociedade através de um terramoto ou de uma erupção vulcânica, enquanto a sociedade pode prejudicar a economia devido à falta de confiança e à fragilidade das instituições públicas. Tendo em conta as emissões de gases provenientes dos transportes, é possível melhorar o ambiente e permitir que as pessoas vivam com conforto e segurança.

A segunda razão que demonstra a importância da ecologização das operações de transporte para a eficácia da logística é que este fator pode criar um impacto positivo no ambiente. Considere-se a disponibilidade de recursos naturais para alimentar as pessoas e fazer crescer as economias e, no sentido inverso, as actividades económicas que ajudam as sociedades (por exemplo, instituições de ensino, hospitais, etc.) e conservam ou melhoram o ambiente (por exemplo, estações de tratamento de águas, gestão do solo e da vegetação, etc.).

Por conseguinte, a sustentabilidade não é apenas a necessidade de respeitar o resultado final dos três "Ps": planeta, pessoas e lucro. Um bom ambiente é muito importante para o ser humano viver melhor. O ar puro é necessário para o ser humano respirar e pode prevenir muitas doenças.

Tornar os contratos públicos de transportes mais ecológicos

De acordo com FaithEll, (2005), os contratos públicos ecológicos, em particular, são utilizados como uma ferramenta estratégica para promover determinados comportamentos e como um instrumento de política ambiental para traduzir as políticas ambientais em processos, produtos e serviços de projectos sustentáveis do ponto de vista ambiental.

Em segundo lugar, a ecologização dos contratos públicos no sector dos transportes pode ajudar as empresas a ponderar a seleção do contratante para a gestão do projeto. De acordo com Parikka et al, (2008), a contratação pública ecológica, por vezes conhecida como contratação pública ambientalmente sustentável, refere-se à prática de formular requisitos ambientais no processo de concurso. De acordo com Chandran et al, (2005), o cliente geralmente escolhe o concurso que segue as suas especificações, especialmente no que diz respeito aos requisitos ecológicos, porque não quer que o seu projeto afecte o público.

O último fator que pode provar a importância desta relação é o facto de a aquisição de transportes ecológicos poder levar a resultados sustentáveis do projeto, tal como referido por (Hardy, 2013). O sucesso para atingir os objectivos de um projeto baseado na ecologização começou com o desenvolvimento da estratégia. Quando a direção pensa e desenvolve a estratégia da empresa, tem de saber o que quer realmente procurar e considerar.

Recomendação

Estratégia de sustentabilidade

A estratégia de sustentabilidade apresenta um resultado significativo para a eficácia logística na indústria multinacional. As variáveis recomendam que as empresas do sector tenham uma estratégia de redução das emissões de gases com efeito de estufa. Ao adotar esta estratégia, as empresas podem ajudar a aumentar a economia do país. A economia não pode ser afetada quando se aplica esta estratégia porque pode poupar muitos recursos no país.

Isto está em consonância com William (1993), onde o seu estudo prova que o efeito das emissões de gases com efeito de estufa e das alterações climáticas afectará a economia do país se estas não forem controladas. Isto deve-se ao facto de o país ter de suportar os custos das catástrofes naturais, tais como neblinas, inundações e outras. Isto mostra que as empresas do sector têm de controlar ou parar as actividades que podem arruinar a economia do país.

Tornar as operações de transporte mais ecológicas

A segunda variável que dá um resultado significativo à eficácia logística no sector da logística multinacional é a ecologização das operações de transporte. Esta variável é acompanhada de várias recomendações para que o fator se torne mais forte e comprovado por outros investigadores. Este estudo recomendou a redução do volume total de carga para tornar as operações logísticas mais ecológicas. Ao reduzir o volume total de carga, pode reduzir-se a emissão de gases da carga.

A estratégia que melhora a redução da carga total é a utilização integral do espaço total da carga quando esta é utilizada. O inventário transportado pela carga deve ser colocado num espaço totalmente utilizado. Também se pode implementar uma estratégia de utilização da carga que permita carregar muitas existências de uma só vez. Francis et al. (2000) sugerem que os esforços para reduzir a utilização de energia no transporte de mercadorias se centram geralmente em abordagens "baseadas no modo", nomeadamente a melhoria da eficiência energética dos modos de transporte de energia intensiva, como o camião, e a transferência de mais mercadorias para modos de transporte de energia eficiente, como o caminho de ferro.

Tornar os contratos públicos de transportes mais ecológicos

A questão que se coloca a partir desta variável é a inclusão de critérios ambientais na avaliação dos fornecedores de transporte. Antes de selecionar o melhor fornecedor, o departamento de compras deve incluir os requisitos que a organização necessita para implementar uma estratégia de logística ecológica. O fornecedor selecionado deve cumprir os requisitos necessários para garantir que os clientes possam operar os seus produtos de acordo com critérios ecológicos. De facto, o processo de compra é o processo importante para garantir que o produto final o será.

Este facto está em consonância com Ken (1996), que, no seu estudo, afirma que a oferta ecológica é muito importante para a organização porque a maioria das decisões de compra tem a ver com o comércio entre empresas, uma vez que as compras comerciais ultrapassam as despesas dos consumidores. A emergência do aprovisionamento ecológico é, pois, importante porque proporciona um mecanismo mais poderoso para que a chamada "ecologização da indústria" se baseie em princípios de mercado não altruístas. O aprovisionamento ecológico está relacionado com a estratégia de sustentabilidade porque faz parte das estratégias da organização para produzir produtos logísticos ecológicos.

Recomendações para estudos futuros

Este estudo é importante para o investigador que possa ter interesse em investigar a cadeia de abastecimento e o domínio da logística. O investigador pode identificar a forma de tornar a logística na Malásia mais eficiente e eficaz. Há recomendações que encorajam outros investigadores a alargar e a prosseguir este estudo. No que diz respeito a este fator, é necessário realizar uma investigação mais aprofundada para determinar quais os outros factores que podem ter impacto na eficácia da logística na indústria logística multinacional. Isto permite obter resultados mais eficazes para este tipo de estudo.

A principal razão é incentivar mais académicos a envolverem-se na investigação em vários domínios académicos, especialmente na cadeia de abastecimento e na logística. Isto deve-se ao facto de o sector carecer de estudantes recém-licenciados.

Ao realizar este estudo, também ajudará os indivíduos envolvidos no sector da logística a adquirir novos conhecimentos sobre a forma correcta de implementar a eficácia da logística ao lidar com outros países. Isto também pode ajudar a nossa indústria a ser conhecida como a melhor indústria de logística entre os outros países.

Todos os nossos resultados obtidos estão de acordo com o período limitado e curto de observações. Recomendamos a outros investigadores que aumentem o período de estudo efectuado durante um período mais longo do que este estudo, para que os resultados se tornem mais significativos.

Este método pode ajudar o nosso sector a melhorar as suas implementações no sector, tornando-as boas e adequadas. Este outro investigador deve também analisar a forma como os outros países implementam a logística verde para salvar a natureza.

No entanto, o estudo também descobriu outros factores que devem ser considerados para serem melhorados pelo sector da logística. Esta recomendação e sugestão não envolve os cinco factores que estão a ser estudados na investigação. No entanto, continua a dar um contributo importante para o êxito do nosso sector logístico, a fim de incentivar o crescimento da economia da Malásia. Espero que estas recomendações possam dar alguma informação aos novos investigadores sobre a determinação da eficácia da relação logística na indústria logística multinacional.

CONCLUSÃO

Os estudos anteriores de Pazirandeh e Jafari (2013) concluíram que todas as variáveis do estudo têm um impacto positivo na variável dependente. O estudo mostra, em primeiro lugar, que a estratégia de sustentabilidade é importante para melhorar o desempenho ambiental das empresas. Como prova, este estudo apoiou empiricamente esta hipótese através da aceitação da H1a. Este estudo também provou que o bom fluxo de operações de transporte ecológico daria um resultado significativo à eficácia da logística na indústria logística multinacional. A hipótese mostra que o nosso estudo aceita a H2a. Além disso, o estudo acaba por provar que o aprovisionamento de transportes ecológicos também pode ter uma relação significativa com a eficácia logística. Com base no estudo anterior, também se afirmou que a ecologização das aquisições pode ter um maior impacto na eficácia da gestão logística na organização. O estudo provou que a H3a também foi aceite neste estudo.

Por conseguinte, concluiu-se que quase todas as empresas que se concentram na ecologização dos seus transportes têm a sustentabilidade como parte do plano estratégico da sua empresa. Além disso, essas empresas foram capazes de melhorar seu desempenho logístico, tornando mais verdes os procedimentos de compra de transporte. Além disso, todas essas empresas tinham uma estratégia sustentável, o que indica um efeito indireto desse construto sobre os construtos de desempenho logístico. Finalmente, foi estritamente indicado que a força e a fraqueza das variáveis independentes podem dar uma relação significativa com a relação entre as variáveis.

REFERÊNCIAS

Adrien Presleya, L. M. & J. S. (2007). Uma metodologia de justificação da sustentabilidade estratégica para decisões organizacionais: uma ilustração da logística inversa. *International Journal of Production Research, 45*(18-19), 4595-4620.

Akmal, A.O., Sofiah, A.R., Sundram, V.P.K., & Bhatti, M. (2015). Modelagem de recursos de marketing, coordenação do processo de aquisição e desempenho da empresa na indústria de construção da Malásia. *Engineering, Construction and Architectural Management, 22(6),* 644-668.

Bhatti M.A., Sundram, V. P. K. e H. (2012). Expatriados Desempenho e ajustamento no trabalho: Role of Individual and Organizational Factors. *Journal of Business & Management, 12*(3), 28-38.

Bhatti M.A., Sundram, V.P.K., Bttour, M.M, e A. (2012). Transferência de formação: Does it really happen? An examination of Support, Instrumentality, Retention, and Learner Readiness on the Transfer of Training. *Revista Europeia de Formação e Desenvolvimento, 16*(4), 24-40.

Bhatti, M.A. e Sundram, V. P. K. (2013). *Business Research.* Petaling Jaya, Malásia: Pearson Publication.

Bhatti, M.A., Battour, M. e S. V. P. (2014). Kulim Land Office Malaysia: sucesso com um estilo de liderança eficaz. *Emerald Emerging Markets Case Studies, 4*(6), 1-14.

Bhatti, M.A., Battour, M.M., Ismail, A.R. &Sundram, V. P. K. (2014). Efeitos dos traços de personalidade (big five) no ajustamento dos expatriados e no desempenho profissional. *Equality, Diversity and Inclusion: An International Journal, 33*(1), 73-96.

Bhatti, M.A., Hee, H.C., & Sundram V. P. K. (2012). *Análise de dados usando SPSS e AMOS.* Kuala Lumpur: Pearson Publication.

Chandran VGR, Sundram V.P.K., K. M. &Deviga V. (2005). The Competitiveness and Specilization of Manufacturing Export: An Application of the Revealed Comparative Advantage Approach for ASEAN-5. *Boletim Económico, 7*, 30-41.

Chang, She-I; Hung, Shin-Yuan; Yen, David C.; e Chen, Y.-J. (2008). the Determinants of RFID Adoption in the Logistics Industry - A Supply Chain Management Perspective.

Faith-Ell, C. (2005). *The Application of Environmental Requirements in Procurement of Road Maintenance in Sweden (A Aplicação de Requisitos Ambientais nos Contratos de Manutenção de Estradas na Suécia).*

Francis M. Vanek e Edward K. Morlok (2000). Melhorar a eficiência energética do transporte de mercadorias nos Estados Unidos através de uma análise baseada nos produtos: justificação e aplicação. *Transportation Research Part D: Transport and Environment, 5*(1), 11-29.

R. Hardy (2013). O papel das aquisições na incorporação da sustentabilidade ao longo do ciclo de vida de um projeto de construção. No *Congresso Mundial de Construção do CIB, QLD, Brisbane.*

I. Holton, J. G. e A. price 1. (2007). developing a successful sector sustainability strategy: six lessons from the UK construction products industry. *Corporate Social Responsibility and Environmental Management, 15(1),* 29-42.

A. Ibrahim, R, Zolait, A. H, e S. V. P (2010). SCM Practices and Firm Performance: An Empirical Study of the Electronics Industry in Malaysia. *International Journal of Technology Diffusion, 1*(3), 43-55.

I. Mallidisa, R. D. (2012). O impacto da ecologização na conceção e no custo da cadeia de abastecimento: um caso para uma região em desenvolvimento. *Journal of Transport Geography, 22,* 118-128.

Ken Green, B. M. e S. N. (1996). Compras e gestão ambiental: Interacções, Políticas e Oportunidades. *5*, 188-197.

Kleindorfer, P.R., Singhal, K. e Van Wassenhove, L. N. (n.d.). Sustainable operations management". *Production and Operation Management, 14(4)*, 482.

P. Alhola e A. Nissinen, A. (2008). O reforço das práticas ecológicas na construção de estradas públicas. In *third International public procurement conference proceedings, Amesterdão* (pp. 655-666.).

A. Pazirandeh, A & H. Jafari (2013). Making sense of green logistics. *Revista Internacional de Gestão da Produtividade e do Desempenho, 62(8)*, 889-904.

P. Rajagopal, e V. Sundram (2014). Direcções Futuras da Logística Inversa na Obtenção de Vantagens Competitivas: A Review of Literature. *International Journal of Supply Chain Management, 4*(1), 39-48.

Rao, p e H. (2005). Do green supply chains lead to competitiveness and economic performance? *International Journal of Operations & Production Management, 25*(9), 898- 916.

Rodrigue, J.P., Slack, B, e C. (n.d.). Os paradoxos da logística verde. *Actas da nona Conferência Mundial sobre Investigação em Transportes.*

Stephen Anderson, Julian Allen, M. B. (2004). Logística urbana. Como pode cumprir os objectivos de sustentabilidade dos decisores políticos? *Journal of Transport Geography, 13*(1), 71-81.

Sundram V.P.K., Chandran, e N. (2004). Auditoria de segurança rodoviária: An Exploratory Study.

Journal of Occupational Safety and Health, NIOSH, 2, 18-24.

Sundram, V. P. K., Bhatti, M. A., Soo, K.Y., Zubir, M. A., SaunahZainon, Krishnasamy, T. (2015). *A Arte de Gerir para Executivos Modernos: A Malaysian Perspective.* MATPA, Kuala Lumpur, Malásia.

Sundram, V. P. K., Chandran, V. G. R., & Ibrahim, A. R. (2011). Práticas de gestão da cadeia de abastecimento na indústria eletrónica da Malásia: Consequências para o desempenho da cadeia de abastecimento. *Benchmarking an International Journal, 18*(6), 834855.

Tirunav, K., Ahmad Razi. A, Akmal, A. O., Farha, A. G., Mohamed Afiq, Z. e S. V. P. K. (2014). *Logistics and Supply Chain Managements: A Malaysian Perspective.* Petaling Jaya, Selangor.

Wendelin F. Gross, Cristina Hayden, C. B. (2012). Sobre o impacto do aumento do preço do petróleo nas redes logísticas e na emissão de gases de efeito estufa no transporte. *Logistics Research, 4(3},* 147-156.

William D. Nordhaus. (1993). Optimal Greenhouse-Gas Reductions and Tax Policy in the

Modelo "DICE". In *Papers and Proceedings of the Hundred and Fifth Annual Meeting of the American Economic Association* (pp. 313-317).

Wyatt, D., Sobotka, A. e Rogalska, M. (2000). Rumo a uma prática sustentável. *Facilities, 18,* 76-82.

Zolait, A, Ibrahim, A. R., Chandran, V. G. R., & Sundram, V. P. K. (2010). Supply chain integration: an empirical study on manufacturing industry in Malaysia (Integração da cadeia de abastecimento: um estudo empírico sobre a indústria transformadora na Malásia). *Journal of Systems and Information Technology, 12*(3), 210-221

Printed by Books on Demand GmbH, Norderstedt / Germany